Ruben Zacharias
Paranoia für Anfänger

Ruben Zacharias

Paranoia für Anfänger

Eine Reise in die Welt des Wahnsinns

Bibliografische Information der Deutschen Bibliothek:
Die Deutsche Bibliothek verzeichnet diese Publikation in der Deutschen Nationalbibliografie. Detaillierte bibliografische Daten sind im Internet über http://dnb.d-nb.de abrufbar.

Herstellung und Verlag: Books on Demand, Norderstedt (www.bod.de)
Umschlaggestaltung: Jochen Siegel (www.jochen-siegel.de)
Satz: Achim Trumpfheller (www.grafikschrubber.de)
ISBN: 978-3-8391-2009-5

„Viele verlieren den Verstand nur deshalb nicht, weil sie keinen haben.“

Baltasar Gracián

Für Marion Rauch, Michael Schelhorn
und Gottfried Weißert

Inhalt

War der Messias meschugge? 10

Wie überlebt man einen Amoklauf? 13

Die Masken runter zum Gebet! 17

Baldriantropfen gegen Paranoia 19

Bye, bye, Abendland! 21

Freiheit für die Pferde! 24

Ein Fluch, der auf der Familie lastet 30

Der ideale Ort, um endgültig durchzudrehen 33

Die Kriegserklärung 35

Der erste Eklat 37

Touristen sind Soldaten auf Fronturlaub 41

Anscheinend war ich doch gefährlich 45

Wie ich in die Mafia aufgenommen wurde 49

Mit Ho Chi Minh im Bordell 54

Wie die Air Force One abgeschossen wurde 57

Das Lügenimperium 62

Hinter allem steckt natürlich die CIA 66

Ein konspiratives Treffen mit der Tochter
von Johnny Depp 68

Wie ich meinen letzten Cent verlor 71

Obdachlos im Großstadtdschungel 75

Trau keinem Arzt! 78

Sind wir nur die Sklaven unserer Gene? 85

Ein sehnsüchtig erwarteter Befreiungsschlag 86

Mein Leben ohne mich 89

Zombies in Zeitlupe 91

Doctor Scarface 92

Wer möchte sich schon mit einer
Leiche unterhalten? 93

Ein Hobbit als Therapeut 95

Ein Zwergenaufstand 100

Die Flucht in die Harmlosigkeit 101

Normal sein müssen – das würde mich
krank machen 103

Wenn zwei Einsamkeiten sich überschneiden 105

Der Wahn als Lizenz zum Glücklichsein 108

Als ich aufhörte, über das alltägliche Elend
zu lachen 109

Sex, Gewalt und schlechte Laune 110

Auf einmal war ich ein Anarchist, ein Freak,
ein Clochard 112

Wohltemperierte Gemüter ödeten mich an 113

Wie ich ein kleines Alkoholproblem entwickelte 114

Perlen vor die Säue zu werfen, ist auf die Dauer
nicht gesund 116

Ein Sabotage-Akt in einer Chemiefabrik 117

Die Paranoia machte mich zum Helden
eines Thrillers 119

Trostlose Fitness 120

Technokraten, die seelisches Elend verwalten 121

„Sie sind einfach zu gesund!" 122

Peinliche Befragung 122

Die Zärtlichkeit der Jäger 123

Die Eitelkeit des Opfers 136

Das Tantalus-Syndrom 137

Die Oase der Einsamkeit 142

Danse macabre 143

Der kollektive Wahnsinn 144

Der Irre, der auf dem Tiger ritt 145

War der Messias meschugge?

Ein Mann reitet auf einem Esel durch die Stadt und behauptet, er sei der Sohn Gottes. Die Polizei verhaftet den Messias und bringt ihn in die Psychiatrie. Der Arzt fragt: „Sie sind also der Sohn Gottes?" Der Patient antwortet: „Ja. Ich hatte eine Vision. Ich sah, wie der Himmel sich öffnete und eine Stimme sprach: Du bist mein geliebter Sohn, an dir habe ich Gefallen gefunden".

Was glauben Sie: Leidet dieser Mann an einer Psychose? Oder könnte es sein, dass er wirklich der Messias ist?

Würde Jesus heute leben, er müsste früher oder später in der Psychiatrie landen. Seine Halluzinationen weisen daraufhin, dass er womöglich schizophren war. Er hörte nicht nur Stimmen, er sah auch den Teufel und redete mit ihm. Offenbar war Jesus suizidgefährdet, denn der Teufel befahl ihm, sich vom Dach eines Tempels in die Tiefe zu stürzen.

Diese Wahnvorstellungen traten auf, als Jesus vierzig Tage lang in der Wüste fastete. War dieses extreme Verhalten etwa nicht verrückt? Wer heute auf die Idee käme, vierzig Tage lang nichts zu essen, würde mit Sicherheit zwangsernährt. In den Augen der Ärzte ist diese radikale Fastenkur nichts anderes als ein Selbstmordversuch.

Auch seine Angehörigen erklärten Jesus für verrückt. Seine Schwestern wollten nichts mehr mit ihm zu tun haben. Und die Schriftgelehrten hielten ihn ohnehin für einen Besessenen.

Um der Psychiatrie zu entgehen, gibt es für den Heiland einen Ausweg: Er muss so schnell wie möglich eine Sekte gründen. Mit etwas Glück wird diese Glaubensgemeinschaft zu einer anerkannten Kirche. Wenn der Mann, der auf einem Esel durch die Stadt reitet, von euphorischen Anhängern umjubelt wird, ist es wesentlich schwieriger, ihn zu verhaften und in die geschlossene Abteilung zu stecken.

Zweitausend Jahre lang glaubten Millionen Menschen, dass jener suizidgefährdete Asket, der Stimmen hörte, niemand geringeres als der Sohn Gottes war. Wie kann das sein?

Eine Gesellschaft, die nicht mehr an den Teufel glaubt, hat kein Verständnis für Zeitgenossen, die vom Leibhaftigen in Versuchung geführt werden. Wahnsinn ist eine extreme Abweichung von der Normalität. Wer im Mittelalter Visionen hatte, wurde heiliggesprochen. Heute gilt dagegen das Motto von Helmut Schmidt: Wer Visionen hat, soll zum Arzt gehen.

In einer Kultur, die von wissenschaftlicher Aufklärung geprägt wird, sind nicht mehr die Priester, sondern die Psychiater dafür zuständig, Dämonen auszutreiben. Der Exorzismus wird durch eine Therapie ersetzt.

Ob Jesus psychisch krank war, darüber kann man bloß spekulieren. War der Messias meschugge – wie muss man dann seinen immensen Erfolg verstehen? Litt er an einer heiligen Krankheit, die es ihm ermöglichte, eine faszinierende Wahrheit zu offenbaren? Hat er durch sein Charisma eine Massenhysterie ausgelöst?

Ähnlich erging es manchen Poeten, die man als Propheten bewunderte. Platon meinte: Einen wahren Dichter erkennt man an seiner Manie. Was heute als maßlose und darum gefährliche Euphorie mit Tabletten bekämpft wird, feierte Hölderlin als „frohlockende[n] Wahnsinn", der „in heiliger Nacht plötzlich die Sänger ergreift". Hölderlin wusste, wovon er redete, schließlich war er am Ende selbst umnachtet.

Doch die Grenze zwischen Vernunft und Wahnsinn ist offenbar fließend. Jeder Psychopath hat seine Methoden. Das Irrationale scheint eine besondere Form von Rationalität zu sein. Im Chaos abseitiger Gedanken gibt es vielleicht eine Logik, die man noch nicht entschlüsselt hat. Darum drängt sich die Frage auf: Besitzen die Irren etwa ein verbotenes Wissen?

In seinem Roman *Der Idiot* beschreibt Dostojewski den Moment vor einem epileptischen Anfall als Augenblick einer geistigen Klarheit, die man ohne die Krankheit nie erreichen würde. Ähnlich sah der Psychiater Ronald D. Laing in der Schizophrenie eine hellsichtige Botschaft. Der Kranke hat etwas mitzuteilen, das für die Gesunden von größter Bedeutung sein kann.

Es gibt Schizophrene, die glauben, dass sie Jesus sind. So weit ging mein Größenwahn nicht. Im Gegensatz zu Nietzsche unterschrieb ich meine Briefe nicht mit *Der Gekreuzigte*. Ich finde es bloß amüsant, dass Jesus von Nazareth die gleiche Diagnose hat wie ich, nämlich eine *schizoaffektive Psychose*. Zumindest behauptet dies der Psychiater Günter

Hesse in einem Buch mit dem Titel: „Warum lachten die Juden über Jesus?".

Tatsächlich fühlte ich mich während der Psychose wie ein Prophet. Doch ich hatte keine Jünger und gründete keine Sekte. Es gibt keine Kirche, die mich anbetet. In meinem Fall besteht also kein Zweifel daran, dass ich krank war.

Wie überlebt man einen Amoklauf?

Es begann am 6. Dezember 2006. Anstatt dem Nikolaus kündigte sich ein Amokläufer an. Das Massaker sollte wieder einmal an einer Schule stattfinden. Ein frustrierter Teenager hatte diese Warnung im Internet verbreitet. Vielleicht war das bloß ein schlechter Scherz. Aber die Polizei und die Politiker schienen es sehr ernst zu nehmen.

Bis zu diesem Tag dachten viele, ich wäre ein abgebrühter Zyniker. Als ich morgens die Nachrichten hörte, war ich jedoch seltsam nervös. Der Zufall wollte es, dass ich vor einigen Wochen gesehen hatte, wie Schüler, die ich unterrichtete, aus einem Waffengeschäft kamen. Damals lachte ich noch darüber.

Ich war 35 Jahre alt, ledig, Studienrat und Beamter auf Lebenszeit. Ich unterrichtete an einer kaufmännischen Schule: Deutsch und Gemeinschaftskunde. Ursprünglich wurde ich fürs Gymnasium ausgebildet. An der Universität hatte ich die Klassiker studiert: Goethe, Schiller, Lessing,

Kleist ... Nach dem Referendariat bekam ich eine Stelle an einer Berufsschule. Die klassische Bildung war dort kaum gefragt.

Die Berufe meiner Azubis zogen eher schlichte Gemüter an. Fachkräfte für Lagerwirtschaft waren zum Beispiel ziemlich grobschlächtig. Jene Schüler, die ich vor dem Waffengeschäft traf, gehörten zu dieser Berufsgruppe.

Die *School Shootings* in Littleton oder in Erfurt konnte man bequem im Fernsehsessel verfolgen. Die Nachrichten am 6. Dezember hatten dagegen eine andere Qualität. Der Massenmord konnte jeden treffen und zwar in den nächsten Stunden – nicht irgendwo, sondern womöglich hier in Stuttgart.

Wenn der Innenminister vor Terroranschlägen warnt, redet er oft von einer „abstrakten Bedrohung". Daran kann man sich gewöhnen und es gelassen zur Kenntnis nehmen. Irgendwo, irgendwie, irgendwann kann etwas passieren. Irgendwen wird es erwischen. Vielleicht. Und vielleicht auch nicht.

Am 6. Dezember 2006 war die Bedrohung nicht abstrakt, sondern durchaus konkret. Man kannte den Tag, an dem es geschehen würde, und konnte das Ziel genauer eingrenzen: Eine Schule in Baden-Württemberg.

Ich stellte mir vor, wie ein wütender Junge in einem roten Santa-Claus-Kostüm die Tür zum Klassenzimmer öffnet. Das Gesicht versteckt hinter einem weißen Vollbart. Aus einem schweren Jutesack zieht er keine Geschenke, sondern Waffen. Überraschung!

Mir war schlecht, als ich die Nachrichten im Radio hörte. Ich fühlte mich persönlich bedroht. Diese Reaktion war irrational, sagen die Freunde der Wahrscheinlichkeitsrechnung. Warum sollte es ausgerechnet die Schule treffen, an der ich unterrichtete?

Leider interessierte sich mein Bauch nicht für Mathematik. Ja, ich hatte Angst und das hieß: Angst in den Bus zu steigen; Angst auf den Schulhof zu gehen; Angst, die Tür zum Klassenzimmer zu öffnen; Angst vor der Tafel zu stehen. Plötzlich war ich eine lebende Zielscheibe.

Als ein Radioreporter fragte, welche Maßnahmen für die Sicherheit der Schüler und Lehrer getroffen würden, antwortete der Kultusminister: Da sollte man besser den Innenminister fragen. Solche Sätze waren kaum dafür geeignet, mich zu beruhigen.

Auf der Titelseite der Lokalzeitungen stand, die Polizei wäre im ganzen Land unterwegs. Sie würden von Schule zu Schule fahren. „Halten Sie die Augen auf, und wenn Sie etwas Verdächtiges bemerken, wählen Sie 110", hieß es. Auch das beruhigte mich nicht.

Der einzige Lichtblick war ein Schulleiter, der in den Medien eigenmächtig die Devise ausgab: „Wer Angst hat, kann zuhause bleiben." Leider war das nicht *mein* Schulleiter. Trotzdem nahm ich diesen Satz so ernst, als hätte mir ein direkter Vorgesetzter eine Anweisung gegeben.

Im Unterricht wiederholte ich das wie ein Mantra: „Wer Angst hat, kann zuhause bleiben." Die Schüler freuten sich, da sie ohnehin keine Lust auf Unterricht hatten.

Im Lehrerzimmer traf ich Denis*. Er gehörte zu meinen Lieblingskollegen, denn er war nicht so humorlos, wie man es von Lehrern erwartet. Als ich Denis sah, fragte ich ihn: „Wo sind eigentlich die Waffen, mit denen wir uns verteidigen können?“

Daraufhin öffnete er seinen Schrank und holte einen Hammer und einen Bauarbeiterhelm heraus. Auf dem Helm steckte ein Hirschgeweih. Dieser Spaßartikel stammte von unserer Weihnachtsfeier, bei der Denis seine kabarettistischen Neigungen auslebte.

Ich setzte den Helm mit dem Hirschgeweih auf und nahm den Hammer in die Hand. So ging ich in das Klassenzimmer.

Im Unterricht warf ich die Frage auf: „Wie überlebt man einen Amoklauf?“ Darauf konnte mir niemand eine Antwort geben. Natürlich hatte ich selbst keine Antwort parat. Als ich meine Kollegen danach fragte, zuckten sie allenfalls mit den Achseln.

Die Kollegen konnten meine Aufregung nicht verstehen. Sie folgten brav ihrer Routine und zeigten den üblichen Fatalismus. Wie so oft hieß es: „Da kann man nichts machen.“ Wenn es dich trifft, hast du eben Pech gehabt.

Mit dem Hirschgeweih auf dem Kopf spielte ich zunächst den Hofnarr. Aber je länger ich über den angekündigten Amoklauf redete, umso ernster und hysterischer wurde ich. In meinem Redeschwall legte ich einige Hemmungen ab. Plötzlich lästerte ich über die Schulleitung, die uns alle (meiner Meinung nach) im Stich ließ.

* Alle Namen wurden geändert.

Was zu tun ist, wenn es brennt – dafür gab es Pläne und Übungen. Bei einem Amoklauf wusste außer dem Amokläufer niemand, wie man sich verhalten sollte. Und das war in meinen Augen ein Skandal. Der Amoklauf in Erfurt lag bereits einige Jahre zurück und was hatte man daraus gelernt? Nichts.

Niemand wusste irgendwas. Wenn tatsächlich ein Amokläufer käme, wären wir ihm hilflos ausgeliefert. Wir hatten nicht wie in Amerika Metalldetektoren an den Eingangstüren oder Polizisten, die das Schulgelände überwachten. Wir waren leichte Opfer.

Die Masken runter zum Gebet!

Obwohl ich den Schülern die Möglichkeit gab, nach Hause zu gehen, blieben die meisten sitzen. Offenbar hatten sie das Gefühl, dass gerade etwas Außergewöhnliches passierte. Mein Auftritt muss durchaus originell gewesen sein.

Ich ließ meinen Gedanken freien Lauf und redete völlig entfesselt. Dabei lief ich unruhig durch den Raum, um nicht an der Tafel zu stehen. Ich dachte: Wenn ein Amokläufer die Tür zum Klassenzimmer aufreißt, ist die Tafel genau in der Schusslinie.

In der Pause zwischen zwei Unterrichtsstunden kam ein Schüler zu mir und behauptete, dass er wüsste, wo genau der Amoklauf stattfinden sollte. Der Schüler hatte eine

Freundin, die auf eine andere Schule ging. In ihrer Klasse prahlte ein Halbstarker damit, am Nikolaustag ein Massaker anzurichten.

Ich ließ meinen Informanten mehrfach schwören, dass er die Wahrheit sagte. Dann lief ich in das Sekretariat und rief jene Schule an, die angeblich zum Schauplatz des nächsten *School Shootings* werden sollte. Dort wusste man von nichts. Die Polizei hatte sich zwar gemeldet, aber nur das mitgeteilt, was ohnehin im Radio kam und in der Zeitung stand. Das hielt ich für einen Skandal.

Am Nachmittag musste ich eine Klasse unterrichten, die als chaotisch verschrien war. Diese Wirrköpfe hatten einiges unternommen, um mir auf die Nerven zu gehen. Auch mit diesem Elend habe ich mich angefreundet. Nun kam der magische Moment: Ich nahm die Maske des Zynikers ab und zeigte mein wahres Gesicht.

Ohne Vorwarnung holte ich aus zu einem Befreiungsschlag. Ich attackierte all diese schizophrenen Schwätzer, die sich permanent beschwerten. Es gab zum Beispiel einen Schüler, der immer zu spät kam. Wenn er ausnahmsweise pünktlich war, empörte er sich darüber, dass der Unterricht später anfing als geplant. Ein anderer Störenfried denunzierte Mitschüler, die noch mehr störten als er.

Diese bodenlose Idiotie, die ich jahrelang über mich ergehen ließ, nannte ich endlich beim Namen. Die Hasstirade schien meine Opfer zu erschlagen. Ich redete so heftig, als wären es bereits meine letzten Worte. Niemand konnte mir ernsthaft widersprechen. Nach der Stunde kamen die schlimmsten Schüler zu mir und entschuldigten sich. Was für ein bizarrer Anblick.

Als ich die Schule verließ, war ich keineswegs erleichtert. Na schön, ich hatte diesen Tag überlebt. Doch der Wahnsinn würde weitergehen. Es musste etwas passieren. Und zwar etwas Radikales. Jetzt. Sofort.

Ziellos streunte ich durch die Stadt. Ich war außerstande, mich zu beruhigen. In einer Bar trank ich ein paar Bier. Am liebsten hätte ich mich auf ein Podest gestellt und eine flammende Rede gehalten. Ich war eine tickende Zeitbombe. Schon am nächsten Morgen sollte ich explodieren.

Baldriantropfen gegen Paranoia

Ich beschloss, zuhause zu bleiben, ohne mich krank zu melden. Der Amoklauf hatte ja nicht stattgefunden, also würde die Bedrohung weiter bestehen. Es gab immer noch keine Metalldetektoren an den Eingängen oder Polizisten, die das Schulgelände überwachten. Darum wollte ich im Alleingang streiken. Ein Mann gegen DAS SYSTEM.

Stunden später hörte ich, wie jemand an meine Tür klopfte. Seit Jahren funktionierte die Klingel nicht. Ich hatte sie nie reparieren lassen. Das passte perfekt zu meinem eigenbrötlerischen Lebensstil.

„Ja bitte?", fragte ich misstrauisch. „Hallo, Ruben." Es war Claudia, eine junge Kollegin. Sie kam nicht allein.

Die Sekretärin Frau Böhme begleitete sie. Ich empfing die Gäste auf dem Hausflur. Der Zustand meiner Wohnung hätte sie bloß schockiert.

Claudia und Frau Böhme machten sich Sorgen. Es stand ihnen ins Gesicht geschrieben. Sie sahen mich entgeistert an.

Ich redete mich schnell in Fahrt und behauptete, zuhause zu bleiben wäre das einzig Vernünftige. Niemand könnte einen Amokläufer aufhalten. Meine Besucher versuchten mich zu beschwichtigen. Warum sollte es gerade unsere Schule treffen? Sie glaubten an Wahrscheinlichkeitsrechnungen.

Doch ich hatte es satt, mich beschwichtigen zu lassen. Die Zeit der faulen Kompromisse war vorbei. Ab sofort wollte ich radikal sein und das heißt: An die Wurzel gehen. Darum erzählte ich diesen fürsorglichen Kolleginnen, dass ich unter Schlafstörungen litt. Zumindest wenn ich am nächsten Morgen arbeiten musste. Manchmal schlief ich nur drei Stunden lang oder überhaupt nicht.

Claudia empfahl mir Baldriantropfen und Frau Böhme riet mir, zum Arzt zu gehen. Doch es genügte mir nicht mehr, Symptome zu lindern, anstatt die Ursachen der Schlaflosigkeit zu beseitigen.

Mein Beruf konnte furchtbar ungesund sein. Die Schüler waren oft dummfrech und die Kollegen pedantisch. Der Unterricht war zermürbend und der Lehrplan monoton. Ich hatte mich zwar in diesem Beruf arrangiert. Aber Lehrer zu sein, das war keine Berufung, die mich mit Stolz und

Leidenschaft erfüllte, sondern ein Brotberuf, der mich ernährte.

Seit ich denken konnte, wollte ich Schriftsteller werden. In den Ferien schrieb ich wie im Rausch. Ich sah mich nie als Beamten, der brav und gehorsam seinen Dienst erfüllt, sondern als verwegenen Autor, der mit Stil und Esprit betört. Sollte ich jemals mit einem Manuskript Erfolg haben, wollte ich ein abenteuerliches Leben führen. Exotische Reisen würde ich unternehmen, schillernde Figuren kennen lernen und atemberaubende Frauen lieben …

Das erzählte ich Claudia und Frau Böhme eben nicht. Schließlich waren die beiden gekommen, um mir einzureden, ich sollte gefälligst vernünftig sein. Ich ließ sie in dem Glauben, dass sie mich überzeugten. Darum versprach ich, wieder ordnungsgemäß in die Schule zu kommen.

Natürlich war das eine Lüge.

Bye, bye, Abendland!

Vor dem nächsten Arbeitstag lag ein verlängertes Wochenende. Samstagabends stürzte ich mich ins Nachtleben. Da wurde mir endgültig klar, warum das *Saturday Night Fever* eine pubertäre Krankheit ist.

Während ich zu Fuß unterwegs war, kam mir der Straßenverkehr außergewöhnlich aggressiv vor. Die Invasion der Barbaren lief auf Hochtouren. Prolls aus der Provinz drängten in die Bars und Clubs, um die Sau raus zu lassen. Überall waren junge Cliquen unterwegs, die laut lachten und wohl die ganze Woche darauf gewartet hatten, sich auf niedrigem Niveau zu amüsieren.

Diese Horden, die auf der Jagd nach billigem Spaß durch die Stadt zogen, machten mich nervös. Ständig sah ich Leute, die auf den Boden spuckten oder in einem hässlichen Dialekt ihre derben, stumpfsinnigen Sprüche klopften.

Leider hatte ich Hunger. Also war ich gezwungen, mich unters Volk zu mischen. Ich ging in einen Imbiss und bestellte mir eine Portion Pasta, dazu ein Glas Whisky. Es dauerte nicht lange und ein paar angetrunkene Teenies stolperten herein. Eine Bierflasche fiel auf den Boden. Als die Bedienung kam, um die Scherben aufzulesen, ging ich dazwischen: Die Deppen sollten gefälligst ihren Dreck selbst wegräumen.

Diese peinlichen Gestalten waren genauso primitiv wie meine Schüler. Sie hatten genauso wenig Anstand. Vor kurzem hätte ich das Ganze noch mit einem zynischen Spruch kommentiert und damit basta. Aber inzwischen hatte ich meine Gelassenheit verloren. Ich war gereizt. Einige Gläser Whisky waren nötig, um mich wieder zu beruhigen.

Danach ging ich in einen Club, um zu tanzen. An der Bar fiel mir ein Mädchen mit einer Brille und einem weißen Schal auf. Sie hatte ein interessantes Lächeln. Anstatt sie anzusprechen, schüttelte ich bloß ihre Hand. Das Reden überließ ich ihr.

Keine Ahnung, was sie sagte. Ich habe nicht einmal nach ihrem Namen gefragt. Stattdessen konzentrierte ich mich darauf, ihre Hand zu halten. Sie wehrte sich nicht dagegen. Plötzlich besaß ich eine Sanftmut, als wäre ich ein Guru, der in einer Disco verlorene Seelen aufliest.

So saßen wir stundenlang nebeneinander, mehr oder weniger stumm. Mit dem Reden fing ich erst an, als ich das Mädchen überzeugen wollte, bei mir zu übernachten. Zuerst zierte sie sich. Am Ende ging sie mit. Ich war einfach zu penetrant.

In dieser Nacht schliefen wir nicht. Etwas Merkwürdiges passierte. Wir redeten völlig frei, wahrhaftig und hemmungslos und zwar in einer dadaistischen Sprache, die nur uns zugänglich war. Alles, was wir sagten, hatte eine eigenartige und betörende Logik.

Dabei waren wir die ganze Zeit nackt. Ich klopfte ein paar obszöne Sprüche. 35 Jahre lang hatte ich versucht, die Sprache des Bildungsbürgertums auswendig zu lernen. Und was hatte mir das gebracht? Bestenfalls öde Konversationen. Die Welt, in der ich lebte, war unendlich vulgär. 35 Jahre lang hatte ich mich gesträubt, in diesem Morast zu versinken. Doch ab sofort war ich damit einverstanden.

Das Programm, das in meinem Kopf ablief, wechselte schlagartig von ARTE auf RTL. Es gab keine Zensur mehr. Wozu noch kultiviert sein wollen? Diese fremde Frau und ich, wir waren jetzt *little piggies crawling in the dirt …* Ich hatte allzu lang den Gentleman gespielt. Bye, bye, Abendland!

Wie ein Sex-Guru hielt ich obskure Reden. Das Mädchen sollte mir ihre geheimen Wünsche offenbaren. Natürlich wollte sie gefesselt, geschlagen und beschimpft werden.

Je entschiedener ich auf die Wünsche des Mädchens einging, desto mehr flehte sie um Gnade. Zwischendurch flüsterte sie: „Ich will doch lieber kuscheln!" Einerseits war sie bieder und konventionell, andererseits wollte sie etwas Verruchtes erleben.

Immer wieder sagte sie zu mir: „Du bist verrückt!"

Sie war eine Studentin. Am Montag musste sie an die Uni. Bevor sie abends zurückkam, hatte ich die Wohnung verlassen, um essen zu gehen. Dass ich nicht auf sie wartete, enttäuschte sie zutiefst. Darum hinterließ sie eine Nachricht, deren Tonfall so kleinkariert und beleidigt war, dass ich keine Lust mehr hatte, sie anzurufen.

Wir sollten uns nie wieder sehen.

Freiheit für die Pferde!

Dienstags musste ich wieder zur Schule. Auch dieses Mal blieb ich zu Hause, ohne mich zu entschuldigen. Ich fühlte mich völlig im Recht. Der Schulleiter sollte gefälligst einen roten Teppich ausrollen, um mich zurückzuholen. Ich schmollte wie eine Diva, die es gewohnt ist, dass ihr jede Eskapade verziehen wird. Kein Wunder. Schließlich wurde ich als jüngstes Kind meiner Eltern immer verwöhnt und geschont.

Dieses Mal ging ich entschieden zu weit. Nun kam der Direktor persönlich. Und er kam nicht allein. Zwei Polizisten ließen meine Tür öffnen, während ich im Badezimmer stand und Musik hörte. Neben den Polizisten und dem

Direktor waren auch vier Sanitäter des Roten Kreuzes dabei. Alle versuchten mir einzureden, dass ich krank wäre und in eine Klinik müsste.

Ich fand diese Unterstellungen absurd. Um meine Verhaftung hinauszuzögern, verwickelte ich die Polizisten in fruchtlose Diskussionen. Diese Zermürbungstaktik war erstaunlich erfolgreich. Im Nachhinein kann ich schwer sagen, worüber ich die ganze Zeit redete. Doch in meinem Wortschwall war ich kaum zu stoppen.

Die Polizisten dachten, ich wollte mich umbringen. Sie sahen sich in der Wohnung um und suchten Indizien, die den Verdacht erhärten könnten. Alles, was sie fanden, war dreckiges Geschirr, Bücher, die sich auf dem Boden stapelten, ein Berg von Münzen auf dem Schreibtisch, und vor allem eine Rose, die neben der Badewanne lag.

Die Rose hatte ich dem Mädchen gekauft in der Nacht, als wir uns kennen lernten. Einer der Polizisten hielt dieses Souvenir für besonders verdächtig. Die Geschichte mit dem Mädchen wollte er nicht glauben.

Was auch immer die Polizisten oder die Sanitäter sagten: Ich machte mich darüber lustig. Warum sollte ich diesen Unsinn glauben? „Ich würde gerne ein Bad nehmen, ist das etwa verboten?", fragte ich die Polizisten.

Tatsächlich war ich weit davon entfernt mich umzubringen. Ganz im Gegenteil. Ich fühlte mich so gut wie noch nie. War das nicht absurd, jemand zu verhaften, weil er überglücklich ist?

Ich wollte, dass die Polizisten nicht als Polizisten, sondern privat mit mir redeten. Sie sollten mich duzen. Wer mich ansprach, musste mir seinen Vornamen nennen. Dadurch wollte ich die Distanz zu den Beamten aufheben.

Dieser Trick war gar nicht übel. Während die Polizisten mich duzten, konnten sie mir schlecht Handschellen anlegen. Wenn wir uns auf Augenhöhe unterhielten, entspannten sich ihre Gesichtszüge und ich brachte sie sogar zum Lächeln. Doch jedes Mal, wenn sie von ihrer Einsatzzentrale einen Funkspruch erhielten, siezten sie mich wieder und dabei sahen sie mit einer strengen, offiziellen Miene auf mich herab.

So ging das eine Weile hin und her, bis die Polizisten meinen endlosen Redeschwall und die Gedankensprünge satt hatten. Sie legten mir die Hände auf den Rücken und die Handschellen schnappten zu.

Da ich nur einen Morgenmantel trug, musste mir eine Sanitäterin in die Hose helfen. Dann legten sie mir meinen Wintermantel über den Rücken und schafften mich in den Krankenwagen.

Kaum hatte ich die Psychiatrie betreten, wiederholte ich meine Hinhaltetaktik. Ich bestand darauf, geduzt zu werden. Als man mir die Handschellen öffnete, wollte ich allen die Hände schütteln.

Schließlich stand mir ein Arzt gegenüber. Er wollte mir Blut abnehmen und eine Beruhigungsspritze geben. Dazu war ich nicht bereit. Ich fragte den Arzt: „Unter welcher Krankheit leide ich denn angeblich?“ Als er irgendetwas von wegen „Paranoia“ murmelte, wurde ich wütend und rief: „Definiere! Was heißt *Paranoia*?“ Ich behandelte den Arzt wie einen Schüler in der Prüfung. Der arme Mann war noch jung und etwas unsicher. Auch er ließ sich erstaunlich lange auf meine Spielchen ein.

Am Ende landete ich dennoch auf einem Bett. Ich wurde an Armen und Beinen gefesselt – beziehungsweise *fixiert,* wie man in der Psychiatrie sagt. Eine Beruhigungsspritze beförderte mich in den Tiefschlaf. Als ich wieder erwachte, war ich benommen und lammfromm wie ein Löwe, dem man die Zähne und Krallen gezogen hat.

Die erste Nacht in der Psychiatrie entwickelte sich zu einem Alptraum. Obwohl ich auf die Toilette musste, blieb ich gefesselt. Die Nachtwache hatte Angst, dass ich abhauen oder gar randalieren könnte. Es blieb mir nichts anderes übrig, als in die Hose zu pinkeln. Wie man sich denken kann, war das ziemlich demütigend.

Am nächsten Tag wurde ich losgebunden und durfte mich wieder frei bewegen. Der erste Patient, den ich kennen lernte, sah aus wie Kurt Cobain. Im Gegensatz zu den anderen Insassen hatte er keine glänzenden Augen, was daran lag, dass er die Pillen nicht schluckte, die man ihm verabreichte. Er tat nur so als ob.

Außerdem klärte er mich auf: Die Ärzte durften mich maximal drei Tage lang festhalten. Danach bräuchten sie einen Richter, der ihnen bestätigt, dass ich entweder mich selbst oder andere gefährden würde und deshalb im Krankenhaus unter Beobachtung bleiben müsste. Tatsächlich wurde ich nach drei Tagen gegen den Rat der Ärzte entlassen.

In der Zwischenzeit machte ich kaum etwas außer essen, reden und rauchen. Gespräche mit Psychiatern oder

Psychologen gab es keine. Man stellte mich bloß mit Medikamenten ruhig. Wie ein alter Mann schlurfte ich durch den Flur. Ich hörte auf, aberwitzige Monologe zu halten. Wenn ich mit den anderen Patienten zusammen saß, hörte ich ihnen sogar zu.

Unter den Patienten gab es einen Mann, der unter einem manischen Wortschwall litt, den er nicht stoppen konnte. Sein Name war Ernst. Während er hektisch redete, kritzelte er auf einem Blatt Papier herum. Er skizzierte sein Regierungsprogramm. Ernst hatte nämlich den perfekten Plan für eine bessere Welt.

Sein Slogan für die nächste Bundestagswahl hieß: „Freiheit für die Pferde!" Aus irgendwelchen Gründen wollte er alle Pferde befreien. Er meinte, das würde unser Leben enorm bereichern, wenn wilde Pferde durch die Städte galoppieren. Ja, diese Idee war durchaus poetisch.

Da Ernst wahnsinnig schnell redete, war es schwierig seinen Gedanken zu folgen. Das Wesentliche erzählte er nebenbei, so dass man es leicht überhörte. Er hatte ein Unternehmen gegründet. Seine Firma war inzwischen bankrott und seine Ehe gescheitert.

Ich fand Ernst sofort sympathisch. Seine Ideen für eine radikale Steuerreform klangen brillant. Was vielleicht auch daran lag, dass ich keine Ahnung von Steuerpolitik habe. Doch zweifellos war Ernst überdurchschnittlich intelligent.

Vor meiner Entlassung sah ich zum ersten Mal den Chefarzt Professor Jaeger. Vor einiger Zeit hatte ich zufällig ein Buch von ihm gelesen. Es war eine Abhandlung über

Drogen. Jaeger warnte seine Leser davor, Cannabis zu verharmlosen. Immerhin kann das Kiffen eine Psychose auslösen, in manchen Fällen sogar beim ersten Konsum.

Später wurde ich immer wieder von Ärzten und Therapeuten gefragt, ob ich Drogen genommen hätte. Nein, davon hielt ich überhaupt nichts. Mein Freund Joker hatte vor Jahren eine Drogenpsychose. Damals kiffte er viel und dazu nahm er noch Speed. Aufgeputscht von Amphetaminen, rannte er eine Woche lang durch die Fußgängerzone und nötigte wildfremden Leuten ein Gespräch auf. Am Ende führte er zuhause seltsame Rituale durch und rief Freunde an, die daran teilnehmen sollten.

Als mir Professor Jaeger gegenüberstand, versicherte ich ihm mit bestem Gewissen, dass ich nie gekifft, gekokst oder Ecstasy geschluckt hätte. Der Professor musterte mich eingehend. Aber wie verrückt jemand ist, sieht man ihm nicht unbedingt an. Darum war Jaeger darauf angewiesen, mir Fragen zu stellen und zu prüfen, ob meine Antworten glaubwürdig klangen.

Vor allem wollte er eines wissen: „Hören Sie Stimmen?“ Ich sagte: „Ja, *Ihre* Stimme. Denn Sie haben mich eben gefragt, ob ich Stimmen höre.“

Jaeger wollte herausfinden, ob ich Halluzinationen hatte. Nein, noch nicht. Ich war nur manisch. Das heißt: Ich hatte ein irreales Hochgefühl, fand keinen Schlaf, redete obsessiv und war sofort gereizt, wenn man mir widersprach.

Nachdem ich drei Tage lang ruhig gestellt wurde, verschwand der aggressive Unterton aus meiner Stimme. Darum war es schwer zu behaupten, dass ich andere gefährden könnte. Außerdem gab es keine Anzeichen für eine Depression.

Jaeger fragte mich: „Denken Sie manchmal an Selbstmord?" Ohne lügen zu müssen, konnte ich die Frage verneinen.

Es gab keinen triftigen Grund, mich gegen meinen Willen festzuhalten. Natürlich sagte mir Professor Jaeger, dass es besser für mich wäre, zu bleiben und die Tabletten zu nehmen. Ich war fest entschlossen, die Klinik sofort zu verlassen. Jaeger blieb nichts anderes übrig, als mich laufen zu lassen.

Ein Fluch, der auf der Familie lastet

Mein ältester Bruder holte mich mit dem Auto ab. Wir fuhren zu meinen Eltern. Sie hatten mich bereits in der Psychiatrie besucht. Verrückt zu werden, war das Schlimmste, was ich ihnen antun konnte. Meine Erkrankung riss in der Familiengeschichte eine alte Wunde auf, von der man glaubte, sie wäre längst verheilt.

Meine Großmutter Erna war schizophren. Und meine Tante Christa hatte es „an den Nerven", wie es immer hieß. Für meine Mutter war Ernas Schizophrenie ein ewiges Trauma und für Christa schämte sie sich auch. Da mein Großvater im Zweiten Weltkrieg vermisst und Erna schwer krank wurde, wuchs meine Mutter bei Pflegeeltern auf. Dort wurde sie als Fremdkörper behandelt.

Insofern traf es meine Mutter besonders hart, als sie erfuhr, dass ihr jüngster und insgeheim liebster Sohn in der Psychiatrie gelandet war. Es musste ihr vorkommen wie ein Fluch, der über ihr und der Familie lag.

Ich verbrachte das Wochenende bei meinen Eltern. Wir stritten uns die ganze Zeit. Sie wollten, dass ich zu einem Arzt gehe und Psychopharmaka schlucke. Doch ich weigerte mich hartnäckig. Ich hielt mich für kerngesund. Mein Chef war krank. DAS SYSTEM war dekadent. Nur ich war vernünftig.

Inzwischen hatte der Schulleiter bei meinen Eltern angerufen. Meiner Mutter gefiel, dass er so fürsorglich war. Ich hasste diesen Mann. Immerhin hatte er mich mit Gewalt an einen Ort bringen lassen, wo ich gezwungen wurde, in die Hose zu pinkeln.

Sonntagabends fuhr ich wieder zurück nach Stuttgart. Die Eltern waren in heller Aufregung. Sie befürchteten das Schlimmste. Sie hatten Angst, mich alleine zu lassen. Ich machte wohl nicht den Eindruck, als könnte ich auf mich selbst aufpassen. Was meine Eltern vor allem in Panik versetzte, war die Ankündigung, dass ich verreisen wollte. Und zwar *vor* den Ferien. Das hatte ich mir schließlich verdient nach all diesem Stress. Montags ging ich zu einem Reisebüro und buchte einen Flug nach Bangkok.

Ich wollte einfach abhauen, und zwar möglichst weit weg. Leider musste ich den Flug bar bezahlen. Das konnte ich nicht. Darum rief ich Donny an, einen Freund, der über Weihnachten ebenfalls nach Bangkok fliegen wollte. Er lieh mir das Geld: Etwa 1.000 Euro.

Danach besuchte ich meine Hausärztin Dr. Yubari, denn ich brauchte eine Krankmeldung. Die bekam ich auch, aber nur für zwei Wochen. Dabei wollte ich viel länger in Thailand bleiben. Da Dr. Yubari so lässig war, dürfte es kein Problem sein, die Krankmeldung durch ein Ferngespräch zu verlängern, dachte ich.

Ihre Diagnose lautete: „Akute Belastungsreaktion, Verdacht auf Psychose". Sie überwies mich zu Frau Wolf, einer Psychiaterin. Obwohl ich den Termin für überflüssig hielt, nahm ich ihn wahr.

Frau Wolf wirkte kühl und distanziert. Während sie meinen überspannten Monologen lauschte, notierte sie ihre Beobachtungen. Ich kam gerade aus einer Bar, wo ich ein paar Gläser Martini getrunken hatte. Das konnte die Ärztin riechen. Also fragte sie mich unverblümt: „Sind Sie Alkoholiker?" Diese Unterstellung machte mich wütend. Ich verließ die Praxis, ohne mir einen neuen Termin geben zu lassen. Draußen auf der Straße fluchte ich heftig und trat vor Zorn gegen einen Briefkasten. Die Tabletten, die mir die Ärztin mitgegeben hatte, würde ich niemals nehmen.

Der ideale Ort, um endgültig durchzudrehen

Bald darauf saß ich in einem Flugzeug nach Bangkok. Niemand konnte mich aufhalten. Ich fühlte mich unendlich frei und mondän. Bangkok Babylon. Im Chaos dieser Stadt war ich zu Hause. Hier atmete ich auf. „Now we are free", schrieb ich an Jenny, eine Thai-Lady, die in Bangkok auf mich wartete. Ich war bereits vier Mal dort.

In einem Epizentrum des Nachtlebens hatte ich Jenny kennen gelernt. Damals arbeitete sie im *Genesis*, einer Bar in der Sukhumvit Road Soi 11. Inzwischen führte sie ein bürgerliches Leben. Das behauptete sie zumindest. Sie hatte einen Bürojob in einer Marketingfirma, die einem englischen Lebemann mit dem Spitznamen Mister Jim gehörte.

Jenny war ehrgeizig. Sie wollte ein besseres Leben führen als ihre Eltern. Von Thai-Männern hielt sie herzlich wenig. Die gingen angeblich immer fremd oder verprügelten im Suff ihre Frauen. Tatsächlich waren die meisten Bordelle nicht für die Touristen, sondern für die Einheimischen da.

Jenny und ich waren gewissermaßen ein Paar, obwohl wir uns aufgrund der Entfernung, die zwischen uns lag, eher selten sahen. Mag sein, dass Jenny bloß hinter meinem Geld her war. Ehrlich gesagt: Es war mir egal, ob sie mich liebte, solange ich mich gut dabei fühlte.

Bangkok ist eine gigantische, fleischgewordene Männerphantasie. Der ideale Ort, um endgültig durchzudrehen. Die erste Nacht in dieser Stadt werde ich nie vergessen. In einer engen und schmuddeligen Seitengasse der Khao San Road stolperte ich einigen Thais in die Arme, die mit ihren Stirnbändern und nackten Oberkörpern wie Vietcong aussahen. Wir tranken und aßen zusammen, als würden wir uns seit Ewigkeiten kennen. Die Szenerie wirkte herrlich verrucht.

Eine Woche lang schlief ich in einem Stundenhotel mit hauchdünnen Pappwänden. Das Zimmer bestand aus einem Bett, das den winzigen Raum ausfüllte, und einem Ventilator, der über einem kreiste. In meinen Armen lag ein Mädchen namens Oi, das hier gestrandet war. Wir waren die ganze Nacht unterwegs und schliefen bis zum späten Nachmittag. Den Rest des Tages verbrachten wir in einer Billardkneipe.

Ois Bruder war ein Transvestit, der obszöne Gesten machte, wenn er mich sah. Transvestiten gehörten zum landesüblichen Schönheitskult. Das war das sanfte Siam.

Ich war sofort angefixt. Allein der witzige und melodische Klang dieser Sprache machte mich süchtig. Ich kam immer wieder und ich machte fast alles mit, was einem geboten wurde. Mit meinen Freunden Joker und Donny rannte ich auf eigene Faust durch den Dschungel. In einem schmalen Boot, das ständig zu kentern drohte, fuhren wir auf reißenden Stromschnellen den Mekong hinunter. Oder wir tauchten während eines Gewitters und fanden Granaten auf dem Meeresboden.

Als auf dem Sanam Luang der Geburtstag der Königin gefeiert wurde, stand ich in der Menge und bekam feuchte Augen, während hunderttausend Thais die Nationalhymne sangen. War mir das zuhause jemals passiert? Wir hatten leider keine Königin und meine Landsleute brauchten schon eine Fußball-WM, um kurzfristig so etwas wie Nationalstolz zu entwickeln.

Jedes Mal, wenn ich ins Flugzeug stieg, um die Heimreise anzutreten, hatte ich das Gefühl, einen schweren Fehler zu begehen. Zuhause war alles gleichgültig und langweilig.

Die Kriegserklärung

Da man mir eine Psychose unterstellte, war der Weg in die Frührente vorprogrammiert, dachte ich. Das wenige Geld, das mir dann zur Verfügung stehen würde, sollte ich besser in einem Land ausgeben, wo alles billig war. Zum Beispiel in Thailand. Außerdem wollte ich Schadensersatz von meinem Chef. Auch das war nicht besonders realistisch. Aber vernünftige Pläne konnte jeder schmieden. Ich war eben der Mann fürs Surreale.

Als Frührentner könnte ich mich ganz dem Schreiben widmen. Eine verlockende Idee. Ich müsste nie wieder unterrichten. Endlich könnte ich mich auf das Wesentliche konzentrieren.

Auf meiner Flucht nach Bangkok hatte ich wie immer einen Notizblock dabei und einen eleganten Kugelschreiber – ein Geschenk von Jenny. Ich schrieb so schnell und gehetzt, wie ich redete. Meine Schrift war für mich selbst kaum zu entziffern.

Nach 12 Stunden im Flugzeug war ich keineswegs erschöpft. Anstatt mich im Hotel erst einmal hinzulegen, nahm ich ein Bad, weil ich nicht schlafen konnte. Dann ging ich in einen Pub, trank ein paar Bier und sah mir im Fernsehen ein Fußballspiel an.

Mitten im Lokal stand ein Computer, mit dem man ins Internet gehen konnte. Nachdem ich einiges getrunken hatte, kam ich auf die glorreiche Idee, meinem Chef eine E-Mail zu schreiben. Ich versuchte, ihn auf möglichst hohem Niveau zu beschimpfen. Wortreich ließ ich mich darüber aus, dass er ein überforderter Wichtigtuer wäre, der mich persönlich zugrunde richten wollte, um einen Gegenspieler aus dem Weg zu schaffen. Das war der wahre Grund, warum ich in der Psychiatrie landete, meinte ich.

In dieser Hass-Mail kombinierte ich persönliche Beleidigungen mit Adorno-Zitaten. Während ich an dieser Briefbombe bastelte, wurde ich bereits von hinreißend schönen Prostituierten belästigt. Unter ihnen war ein gut gelauntes Mädchen, das eine Military-Hose trug. Sie kam mir wie eine Thai-Version von Gwen Stefani vor. Das Mädchen war eine Sensation. Ich spendierte ihr ein paar Drinks. Danach zogen wir los.

Wohin wir auch kamen: Dieses Partygirl war überall bekannt. Jeder grüßte sie. Jeder wollte mit ihr tanzen. Alle starrten sie an. Es war unmöglich, sie zu ignorieren. Sie sah nicht aus wie ein Supermodel, aber sie hatte diese laszive Ausstrahlung.

Als sie in meinem Hotelzimmer einschlief, wurde es draußen schon hell und ich stellte mal wieder fest, dass ich weit davon entfernt war, müde zu sein. Ich duschte. Dann ging ich aus dem Hotel und flanierte durch die Stadt.

Nachdem ich meinem Chef den Krieg erklärt hatte, war es an der Zeit, mich zu bewaffnen. Bei einem Straßenhändler kaufte ich mir Handschellen, einen Schlagring und einen Gehstock, in dem eine Klinge steckte.

Der erste Eklat

In der Zwischenzeit war mein Freund Donny im Hotel eingetroffen. Er fand mich furchtbar aggressiv. Meine Hasstiraden schockierten ihn. So dachte ich laut darüber nach, wie ich meinen Chef foltern könnte. An einen Heizkörper in seinem Büro wollte ich ihn fesseln, mit Lippenstift voll schmieren und meine Personalakte in seinen feisten Hintern schieben.

Donny hasste Gewalt. Es war eine Qual für ihn das anzuhören. Mein Freund Joker würde sagen: „Donny ist eine Pussy!“ Und das ist er tatsächlich. In der Sprache meines Vaters heißt das: „Mit dem kann man keinen Krieg gewinnen!“

In der folgenden Nacht stolperte mir eine Studentin in die Arme. Ich traf sie in einem Tanzschuppen, der randvoll mit käuflichen Frauen war. Das Mädchen musste morgens früh aufstehen. Ich war froh, als sie weg war.

Nach diesen kleinen Eskapaden war ich wieder reif für Jenny. Sie wartete auf meinen Anruf. Jenny war die erste Frau, mit der ich es auf die Dauer aushielt. Ihre Gegenwart hatte etwas Beruhigendes. Mit ihr fühlte ich mich wohl, denn sie legte wie die meisten Thais großen Wert auf Harmonie. Jenny hasste es zu streiten. Niemand sollte jemals sein Gesicht verlieren.

An Weihnachten traf ich sie in einem Restaurant. Mein neues Aussehen (Vollbart, schwarzer Hut und schwarze Lederhose) schien ihr nicht besonders zu gefallen, aber sie hielt sich mit einem Urteil zurück.

Stolz zeigte ich ihr die Handschellen und den Schlagring. Das war ihr etwas peinlich. Diskret steckte sie meine Waffen in ihre Handtasche.

Nach dem Essen gingen wir in eine katholische Kirche. In der Assumption Cathedral feierte der Bischof von Bangkok die Messe. Ich grüßte ihn vor der Kirche mit meinem Gehstock. Er grüßte zurück mit seinem Bischofsstab. Ein Jahr zuvor hatte er mich sogar angesprochen. Er fragte mich, ob ich vor dem Winter in Deutschland fliehen würde: Ich antwortete: „Nicht nur vor dem Winter!"

Vor der Kirche stand eine Kamera. Jemand sprach mich an. Ich sollte eine Weihnachtsbotschaft übermitteln. Während sich Jenny vor Scham versteckte, sprach ich eine Liebeserklärung in die Kamera und wünschte allen (Christen, Moslems, Juden, Atheisten) und zwar weltweit: „Merry Christmas!".

In der Kirche schien alles harmonisch zu sein. Jenny trug ein wunderschönes, weißes Kleid. Auch Donny hatte seine Freundin dabei. Wir unterhielten uns, während sich der Chor einstimmte. Natürlich redete ich zu laut. Zwei Engländer, die vor mir standen, beschwerten sich.

Früher hätte ich mich dafür entschuldigt. Inzwischen war ich jedoch zu keinem Kompromiss mehr bereit. Nachdem die beiden Engländer mich zurechtgewiesen hatten, redeten sie selbst munter weiter. Also nahm ich meinen Gehstock mit dem silbernen Knauf und tippte diesen Snobs auf die Schulter. Das wiederholte ich jedes Mal, wenn sie den Mund aufmachten.

Diese zwei Herren sahen wie Dandys aus. Wahrscheinlich waren sie ein Paar. Grundsätzlich hatte ich nichts gegen Schwule. Es sei denn, sie führten sich wie Herrenmenschen auf.

„Der Papst mag keine Arschficker", flüsterte ich ihnen ins Ohr. Dann verließ ich wutschnaubend die Kirche, stieg in das nächste Taxi und fuhr davon. Jenny lief mir wohl hinterher, wie ich später von Donny erfuhr, aber ich war zu schnell.

Bis heute habe ich Jenny nie wieder gesehen. Mag sein, dass ich ihr mehr bedeutete, als ich mir jemals vorzustellen wagte. Ich weiß, wie sich das anhört, wenn sie weint. Einmal wollte sie mich nicht zum Flughafen begleiten. Stattdessen rief sie mich an, kurz bevor ich eincheckte. Sie heulte jämmerlich.

Jenny entsprach nicht dem Klischee der Thai-Lady. Sie hatte durchaus Stil. Ich habe jede Minute mit ihr genossen. Sie war klug und sensibel. Donny fand sie sehr *mondän*. Doch sie hasste ihn wie die Pest. Er war ihr zu neurotisch.

Ich erinnere mich an einen grandiosen Abend im Baiyoke-Tower. Wir saßen in einer Bar, dreihundert Meter über der Stadt, und blickten auf das Lichtermeer hinunter.

Ein DJ legte Liebeslieder auf. Wir tranken Cocktails und kämpften mit den Tränen. Damals rief ich Donny an, weil ich wusste, dass er diese Romantik allein durch seine Anwesenheit zerstören würde. Ich hatte Angst davor, hemmungslos zu weinen. Die Situation war komisch und absurd. Ich ging sogar aufs Klo, um mir die feuchten Augen abzuwischen.

Das Ende unserer Liaison war dagegen banal. Ich lief einfach davon. Vor der Assumption Cathedral stieg ich in ein Taxi und sagte dem Fahrer, er sollte mich zu einem ruhigen Lokal fahren. So landete ich in einem fast menschenleeren Restaurant, aß ein bisschen was, trank ein paar Bier, flirtete mit den Kellnerinnen und kehrte ins Hotel zurück.

Vor meinem Hotel gab es eine kleine Bar. Die einzige Bedienung war schon betrunken. In einem aberwitzigen Tempo sang sie dadaistische Lieder, deren Text sie vergessen hatte. Das hörte sich wunderbar grotesk an. Die Stimmung war überschwänglich.

Ich lernte zwei Ladies kennen, die offenbar Zwillinge waren. Sie wollten mit mir ins Hotel. Plötzlich tauchte ihre Mama-san auf und verlangte sehr viel Geld. Doch ich wollte nur die Mädchen und nicht die Zuhälterin bezahlen. Das erklärte ich wortreich und zwar so dreist, dass sich die Mama-san beleidigt fühlte.

Leider gab es einen breitschultrigen Riesen, der wohl zu der Dame gehörte. Der Riese hatte schon einiges gesoffen und wollte mich verprügeln. Die Mama-san schnappte sich meinen Gehstock. Ein paar Gäste gingen dazwischen und verhinderten eine Schlägerei. Ich zog mich ohne die Mädchen ins Hotel zurück.

Stunden später verließ ich die Stadt. Aber ich nahm keinen Bus oder Zug, sondern ich fuhr im Taxi Richtung Süden. Mein Gepäck ließ ich auf meinem Hotelzimmer. Ich checkte auch nicht aus. Für solche Lappalien hatte ich keine Zeit. Ich wollte so schnell wie möglich ans Meer.

Touristen sind Soldaten auf Fronturlaub

Der Taxifahrer führte am Telefon einige hektische Gespräche, um herauszufinden, was eine Fahrt von Bangkok nach Chumphon kostete. Offenbar war noch niemand auf die Idee gekommen, in einem Taxi 460 Kilometer zurückzulegen. Wir einigten uns auf einen Preis von 6.000 Baht, also etwa 130 Euro.

Mein Chauffeur hielt mich für einen Millionärssohn. Wenn wir an einer Raststätte eine Pause machten, kaufte ich den halben Supermarkt auf. Ich wollte, dass es meinem Fahrer an nichts fehlte. Dabei war er sehr bescheiden. Meine Großzügigkeit schien ihn zu beschämen.

Auf der Fahrt Richtung Süden kam ich mir vor wie ein Outlaw. Mit meinen schwarzen Stiefeln und der schwarzen Lederhose glaubte ich auch so auszusehen.

Als ich in Chumphon ankam, war die Fähre nach Koh Tao bereits weg. Darum musste ich bis zum nächsten Morgen warten. Ich nahm ein Zimmer, schlief jedoch höchstens drei, vier Stunden.

Mitten in der Nacht war ich hellwach und ging hinaus auf der Suche nach einem 7-Eleven. Diese Supermärkte gab es überall und sie waren immer geöffnet. Ich musste nicht lange durch die Dunkelheit wandern. Zwei Teenager nahmen mich auf einem Moped mit. Außerhalb der Fährstation hatten sie nie einen Ausländer gesehen. Sie staunten nicht schlecht.

Ich verbrachte die ganze Nacht vor dem 7-Eleven, trank Bier und aß Tütensuppen, während die beiden Jungs ihre Kumpels anriefen, damit sie mich bestaunen konnten. Zwischendurch fuhren sie nach Hause, um zu schlafen. Doch in der Morgendämmerung kehrten sie zurück und brachten mich zur Fährstation.

Dort sah ich endlich das Meer. Ich zog meine Stiefel aus und lief hinein. Ein Boot steuerte gerade auf den Strand zu. Die Fischer winkten mir. Ich kletterte auf den Kahn und sah den Männern dabei zu, wie sie das Netz einzogen. Eine Unmenge kleiner Fische zappelte darin. Es war ein phantastischer Anblick.

Als die Fähre kam, ging ich ohne Gepäck an Bord. Überhaupt fiel ich unter den anderen Passagieren auf. Ich sah nicht aus wie ein Urlauber. Eher wie ein Freak, der sich hier niedergelassen hatte.

Ich war überschwänglich wie ein kleines Kind. Hier wollte ich bleiben. Bis das Geld ausgehen würde. Aber darum machte ich mir keine Sorgen.

Silvester wollte ich auf der Insel Koh Phangan feiern. Natürlich gab es dort viele Touristen, die wegen den berühmten Full Moon Partys kamen. Darum wollte ich so bald wie möglich zurück nach Chumphon. Am Strand hatte ich ein leer stehendes Haus gesehen. Vielleicht könnte ich das renovieren und dort einziehen …

Als ich nach Koh Phangan kam, wartete ich, bis die Touristen verschwunden waren. Nachts suchte ich mir einen Fahrer, der mich zu einem stillen Resort bringen sollte. Ich sagte ihm: „I need peace of mind".

Das Cabana schien tatsächlich ein friedvoller Ort zu sein. Obwohl das Restaurant bereits geschlossen war, stellte man mir eine Kerze und ein Bier auf den Tisch. Ich genoss die Dunkelheit und die Einsamkeit.

Am Strand bezog ich einen schlichten Bungalow mit einer Hängematte auf der Terrasse. Ich zog es vor, draußen in der Hängematte zu schlafen. Die Geräusche einer Tropennacht faszinierten mich. Vor allem der magische Moment am Morgen, wenn es schlagartig still wird.

In der Dunkelheit streunte ich am Strand entlang, kletterte über Felsen und ging ins Wasser. Ich trug keine Kleider mehr, sondern wickelte mir ein Handtuch um die Hüfte. Ein zweites Tuch legte ich mir über die Schultern. Auf meinen nächtlichen Streifzügen traf ich manchmal die Söhne eines Fischers, die mit Taschenlampen durch das Wasser marschierten und mit einem Speer die Fische aufspießten.

Im Morgengrauen untersuchte ich mit den Hunden das Strandgut. Die jungen Fischer zündeten ein Feuer an. Ich ging zu der Hütte, in der ihre Eltern wohnten, und schenkte dem Vater eine Schachtel Zigaretten. Er lud mich zum Frühstück ein. Wir kauten irgendwelche Blätter, tranken

Instant-Kaffee und rauchten billigen Tabak, danach gab es gebratenen Fisch und Reis. So wiederholte sich das bald jeden Morgen. Schließlich schenkte ich dem Fischer meinen schwarzen Wintermantel. Als er ihn anzog, konnte er seinen Stolz kaum verbergen.

Auf einer Anhöhe fand ich eine verlassene Hütte. Hier hatte man einen grandiosen Blick aufs Meer. Vor der Hütte ging es steil bergab. Ich kletterte die Felsen bis zum Wasser hinunter. Die Brandung klatschte mir ins Gesicht. Dort oben in dieser Hütte könnte ich leben, dachte ich mir. Der Fischer könnte mir beibringen, wie man sich selbst ernährt.

Tagsüber fuhr ich mit dem Moped über die Insel. Es gab eine asphaltierte Straße am Meer entlang. Fuhr man in den Dschungel hinein, wurden die Wege abenteuerlich. Das gefiel mir.

Oft fuhr ich an den Hafen. In einer Gasse jenseits der Touristenströme fand ich eine Mischung aus einem Tante-Emma-Laden und einer Mini-Kneipe, wo die Einheimischen unter sich waren. Hier konnte man in Ruhe ein Bier trinken und aus sicherer Distanz die Touristen beobachten, ohne mit ihnen in Kontakt zu treten.

Touristen sind Soldaten auf Fronturlaub. Nach einer kleinen Auszeit kehren sie in ihr gewohntes Elend zurück. Ich wollte kein Tourist mehr sein, sondern aussteigen.

Die Mini-Kneipe, in der ich nun Stammgast war, bestand im Wesentlichen aus ein paar Plastikhockern. Der Laden gehörte einem korpulenten Herrn, der wie ein Buddha neben einem Kühlschrank voller Bier saß und den ganzen

Tag auf einen Fernseher starrte. Diesem Mann Gesellschaft zu leisten, war sehr angenehm.

Wir sahen uns zusammen die Hinrichtung von Saddam Hussein an. Der dicke Buddha meinte abschätzig, Saddam wäre kein Killer, sondern bloß ein Auftraggeber. Echte Männer erledigen das selbst, konnte man daraus schließen. Kein Wunder, dass dieser Buddha sich als Mafioso bezeichnete.

Ich war übrigens der Meinung, die Amerikaner hätten nur Saddams Doppelgänger hingerichtet. Mich konnten die Medien allerdings nicht hinters Licht führen …

Anscheinend war ich doch gefährlich

Manchmal ging ich an den Strand, wo die Full Moon Partys stattfanden. Jede Nacht das gleiche Schauspiel. Aus den Boxen dröhnte ohrenbetäubender Lärm. Die jungen Touristen waren hoffnungslos besoffen. Sie kotzten ins Meer, dann taumelten sie zurück an die Strandbar.

Manche wurden aggressiv und legten sich mit den Einheimischen an. Spätestens wenn sie ein Taxi brauchten, waren ihnen die Preise zu hoch. Sie fühlten sich ausgebeutet und beschimpften die Taxifahrer. Dabei herrschte hier bloß die schlichte Logik von Angebot und Nachfrage. Nachts gab es wenige Taxis und viele Kunden. Also stiegen die Preise. Weil die Touristen in ihrem Suff das nicht begreifen wollten, kam es zu Schlägereien. In der Regel gewannen die

Thais, weil sie boxen konnten und beim Austeilen rücksichtsloser waren.

Einmal versuchte ich einen solchen Streit zu schlichten. Ein besoffener Bodybuilder legte sich mit einem Thai an. Aufgrund seiner Muskelpakete fühlte sich dieser Superheld wohl unbesiegbar. Das war freilich ein Trugschluss. Muskeln sind bei einem Zweikampf nicht immer das Entscheidende.

Um ein hässliches Blutvergießen zu verhindern, tippte ich dem Bodybuilder auf die Schulter und sagte ihm, er solle aufhören, den Thai zu beleidigen, denn er hätte keine Ahnung, wie brutal diese relativ kleinen, schlanken Männer werden können, wenn sie in der Öffentlichkeit ihr Gesicht verlieren.

Natürlich hörte mir der besoffene Bodybuilder nicht zu. Kurz darauf warf ihm sein Gegenspieler mit voller Wucht eine Bierflasche ins Gesicht. Innerhalb von Sekunden war der Streit beendet. Der Bodybuilder lag mit dem Gesicht nach unten in einer Blutlache. Auch ich hatte ein paar Scherben abbekommen und blutete. Darum glaubten einige Zuschauer, dass ich den Superhelden niedergestreckt hätte.

Aufgrund meines seltsamen Aussehens wollten manche Touristen mich unbedingt photographieren. Ich trug ein Handtuch wie einen Lendenschurz und mein Vollbart war schon etwas freaky. Dabei ließ mich das Partytreiben völlig kalt. Mitten in diesem apokalyptischen Lärm saß ich an einer Strandbar, schlürfte einen White Russian nach dem anderen und meditierte über die Pest des Tourismus.

Auch in meinem Resort war ich bald bekannt wie ein bunter Hund. Ich war der einzige Ausländer, der nur ein Handtuch trug, zum Frühstück Whisky trank und sich stundenlang mit größtem Vergnügen bei der Thai Massage foltern ließ.

Nebenbei schrieb ich viele Postkarten. Zum Beispiel an den Papst und an Bob Dylan. Der Rest der Welt sollte wissen, wie prächtig es mir ging.

Während die anderen Touristen am Strand lagen, flirtete ich mit Masseusen und Kellnerinnen. Zwei von ihnen wollten nach Feierabend mit mir ein Barbecue essen. Doch das Restaurant konnte an diesem Abend nicht schließen, da eine Gruppe von Franzosen die Öffnungszeiten ignorierte.

Ich wartete genervt darauf, dass die Franzosen verschwinden würden, damit ich mit den beiden Kellnerinnen einen Fisch verzehren könnte. Die Franzosen saßen auch um Mitternacht noch da, obwohl das Restaurant offiziell um 22.00 Uhr geschlossen hatte.

Schließlich mussten die Thai-Mädchen ins Bett gehen und aus unserem Barbecue wurde nichts. Das machte mich wütend. Ich blieb alleine sitzen und beobachtete die Franzosen. Ihre Arroganz widerte mich an. Nachdem die Kellnerinnen ins Bett gingen, verließen die Franzosen zwar das Lokal, setzten sich jedoch wenige Schritte entfernt an den Strand und redeten weiter. Die leeren Gläser und Flaschen blieben auf dem Tisch zurück.

Innerlich fluchte ich auf diese Herrenmenschen. Überhaupt hasste ich Touristen, obwohl ich selbst einer war.

Wie schön wäre die Insel ohne Ausländer. Sie kamen hierher, um tagsüber am Strand zu posieren und nachts auf der Full Moon Party die Sau raus zu lassen. Die Männer wollten zeigen, wie fleißig sie im Fitness-Studio waren. Die Frauen stellten zur Schau, wie sehr sie die Natur begünstigt hatte.

Diese Franzosen hatten mein Rendezvous vereitelt. Dafür sollten sie büßen. Also stand ich auf und ging zu dem Tisch, an dem die Franzosen getrunken hatten. Dann fing ich an zu schreien „Fuck Chirac!" und warf die leeren Gläser und Flaschen auf die Franzosen, die aufsprangen und flüchteten. Vielleicht habe ich einige von ihnen erwischt. Sie hatten es verdient.

Am nächsten Morgen gab es natürlich Ärger. Der Inhaber des Resorts ließ mir ausrichten, dass ich sofort verschwinden sollte. Ein Österreicher, der mit diesen Franzosen unterwegs war, kam zu mir und wollte den Streit schlichten. Ich drückte ihm mein Portemonnaie in die Hand und sagte ihm, er solle die offenen Rechnungen begleichen.

Danach zog ich mich an eine Strandbar zurück, die neben dem Resort lag. Nachts half ich dem Barkeeper, im Freien ein Feuer zu machen. Tagsüber lag ich in der Hängematte und klimperte auf einer hoffnungslos verstimmten, viersaitigen Gitarre herum. Oder ich spielte Billard mit mir selbst.

In dieser Strandbar lernte ich einige interessante Zeitgenossen kennen. Zum Beispiel einen Tschechen, der sich mit mir über Carlos Castaneda unterhielt und nebenbei Porträts zeichnete. Oder einen Holländer, der in Indien lebte und stundenlang versuchte, seine Gitarre zu stimmen. Nie war der Ton gut genug.

Es dauerte nicht lange und ich fiel wieder unangenehm auf. Alles, was ich machte, war zu laut. Ich redete zu laut. Ich sang zu laut. Selbst beim Billardspielen war ich zu laut.

Schließlich sagte mir der Beach Boy, dem die Strandbar gehörte, ich sollte nach Chumphon zurückfahren. Vielleicht hatten die Franzosen die Polizei angerufen. Oder der Beach Boy wollte einfach seine Ruhe haben und mein endloses Geschwafel ging ihm auf die Nerven.

Ein Tourist, dem ein Arm fehlte, hatte mir bereits unter vier Augen gesagt: Ich sollte leiser sein, sonst würden sie mich in ein Krankenhaus schaffen. Natürlich meinte er damit die Psychiatrie.

Wie ich in die Mafia aufgenommen wurde

Meine wenigen Habseligkeiten passten in eine Plastiktüte, als ich aufbrach. Irgendwie dachte der Beach Boy von der Strandbar, dass ich eine Freundin hätte. Er meinte, es wäre ein blondes Mädchen, das ich meine Number One nannte. Ich hatte nie mit ihr geredet. Sie war sehr schön und ziemlich schüchtern. Anstatt Fotos zu schießen, machte sie sich Notizen. Darum warf ich ein Auge auf sie, ohne etwas Konkretes zu unternehmen. Wie so oft.

Das Mädchen war mit einem Paar unterwegs. Vielleicht waren das ihr Bruder und seine Freundin. Oder ihre Schwester mit ihrem Freund. Sie sprachen, glaube ich, französisch. Der Beach Boy sagte ihnen nun allen Ernstes, sie sollten in den Toyota Pickup steigen und mit mir zum Hafen fahren. Zu meiner Überraschung stiegen sie tatsächlich ein, als hätte ich es ihnen befohlen.

Am Hafen besuchte ich wieder den dicken Buddha, während meine Number One einkaufen ging. Als ich später auf die Fähre wollte, hieß es, ich sollte warten. Das Personal auf der Fähre schien meinen Namen zu kennen. Aus irgendeinem Grund wollten sie, dass ich später an Bord ging. Als wäre ich der Kapitän. Oder bildete ich mir das nur ein?

Das Warten zog sich stundenlang hin. Dabei stellte sich heraus, dass viele Passagiere entweder nicht da waren oder nicht auf die Fähre gingen. Voller Ekel beobachtete ich die Touristen am Hafen. Touristen waren dekadent, vergnügungssüchtig und dabei innerlich leer.

Ich ging zu zwei jungen Rucksacktouristen und fragte sie, ob sie ein Ticket für die Fähre hätten. Sie sagten: Ja. Und warum gingen sie dann nicht an Bord? Weil die Fähre noch nicht abfahren würde. „Was glaubt ihr wohl“, fragte ich, „warum das so ist?“ Sie hatten keine Ahnung. Ich sagte es ihnen: „Weil solche Idioten wie ihr sinnlos vor der Fähre herumhängen, ohne an Bord zu gehen.“

Die beiden hatten sich etwas zu essen besorgt. Ich riss es ihnen aus der Hand und warf es auf den Boden. Sie starrten mich entgeistert an. Zu gerne wären sie auf mich losgegangen, aber sie trauten sich nicht. Einige Hafenarbeiter hatten mich dabei beobachtet und amüsierten sich. Ich ging zu ihnen und fluchte „Fuck Farang!“ Was so viel hieß wie: „Ausländer raus!“

Den Beach Boy an meiner Strandbar hatte ich einmal gefragt, ob er mit Ausländerinnen ins Bett gehen würde. Daraufhin winkte er verächtlich ab und sagte: „Lieber würde ich einen Affen ficken!"

Touristen brachten viel Geld ins Land, doch ihr Verhalten fanden die Thais oft abstoßend. Gerade die Full Moon Partys, die vor allem von Touristen besucht wurden, waren vielen Thais ein Dorn im Auge. Wo die Partytouristen auftauchten, gab es Drogen, Gewalt und hässliche Szenen. Nachdem ich diese Teilzeithippies angegriffen hatte, grölte ich: „Fuck Farang! Fuck Chirac! Fuck Bush …!"

Ich verließ den Hafen und ging zu einem Restaurant mit Blick auf die Fähre. Im Fernsehen lief gerade ein amerikanischer Thriller. Die Handlung drehte sich um ein Attentat auf den Präsidenten. In den spannenden Szenen hörte man eine Musik, die immer bedrohlicher wurde. Für mich enthielt dieser Film eine geheime Botschaft: Er prophezeite den Untergang der westlichen Zivilisation.

Auf Koh Phangan spielte man jeden Tag *Planet der Affen* nach. Die Thais sahen in den Augen der Ausländer wie Äffchen aus. Doch während die Touristen in die Rolle der Herrenmenschen schlüpften, gehörte den vermeintlichen Affen die Zukunft, sagte ich mir. Die Thais hatten noch eine Religion, an die sie glaubten, und einen König, den sie liebten. Ihre Familien funktionierten. Die Frauen freuten sich Kinder zu kriegen.

Während mir dergleichen durch den Kopf ging, stand ich am Straßenrand und versuchte den Verkehr zu dirigieren. Die Taxis sollten Unmengen von Touristen zur Fähre schaffen, damit sie endlich den Hafen verlassen konnte. Nach einigen Stunden fuhr die Fähre tatsächlich ab. Ohne mich. Aber ich hatte ja Zeit.

Abends kam eine neue Fähre in den Hafen. Fotoapparate blitzten an Bord. Ich glaubte, man würde mich fotografieren. Auch meine Number One war da. Ich vermied es immer noch sie anzusprechen. Stattdessen schlenderte ich zum dicken Buddha. Er war bereits in einer überschwänglichen Stimmung und gab mir einen Schnaps aus.

Neben ihm saß ein Mann, der aussah wie ein Thai-Boxer oder ein Pirat. Der Buddha stellte mir seinen Kumpel als *Killer* vor. Das war also ein richtiger Mann im Gegensatz zu Saddam.

Der *Killer* prostete mir euphorisch zu. Offenbar war ich der Held des Tages. Ein Tourist, der sich mit Touristen anlegt. Ein Ausländer, der Ausländer hasst. „Fuck Farang" hätte das Motto für eine Kampagne der Regierungspartei sein können. Der Name dieser Partei hieß übersetzt „Thais lieben Thais".

Der *Killer* reichte mir ein Handy und sagte: Ein Freund aus England wollte mich sprechen. „Nein, nicht jetzt!", wiegelte ich ab, als hätte ich bereits Starallüren entwickelt. Ich wollte erst einmal Bier trinken, um meine Nerven zu beruhigen. Denn ich fühlte mich ziemlich erschöpft, obwohl ich den ganzen Tag nur gewartet hatte.

Es dauerte nicht lange und draußen auf der Straße drehten die Passanten die Köpfe um und liefen zusammen. Etwas Außergewöhnliches schien zu passieren. Anscheinend kam die Polizei. Der *Killer* sprang sofort auf, nahm eine gewaltige Machete und rannte die Gasse hinunter. Als er zurückkam, war er in heller Aufregung. Er hatte einen Polizisten mit der Machete bedroht und in die Flucht geschlagen.

Wer den *Killer* verhaften wollte, der hatte wohl seine zahlreichen Kumpels gegen sich. Wahrscheinlich gab es auf der ganzen Insel nicht genug Polizisten, um eine drohende Massenschlägerei in den Griff zu kriegen.

Ich kam mir vor, als wäre ich gerade von der Koh-Phangan-Mafia aufgenommen worden. Diese Mafia war stärker als die Polizei.

Den Rest der Nacht verbrachte ich im Hafen bei den Taxifahrern, die auf Kunden warteten. Wie jede Nacht gab es Streit mit besoffenen Touristen. Anstatt zu schlichten, warf ich eine Wasserflasche auf einen Russen, der zu perplex war, um mich anzugreifen.

Als ich müde wurde, machte ich ein Feuer und legte mich daneben in der Hoffnung, endlich schlafen zu können. Einige Meter von dem Feuer entfernt sah ich ein blondes Mädchen, das aussah wie meine Number One. Irgendwie dachte ich, es wäre immer noch nicht der richtige Zeitpunkt sie anzusprechen. Frierend schlief ich ein.

Mit Ho Chi Minh im Bordell

Am nächsten Morgen war ich der erste Passagier, der auf die Fähre durfte. Dieses Privileg verdankte ich einem Mann, der mit dem dicken Buddha befreundet war. Während sich vor der Fähre eine Schlange bildete, musste ich nicht anstehen. Stattdessen konnte ich mir in Ruhe einen Platz aussuchen.

Zurück in Chumphon zog es mich wieder zu den Fischern. Ich freundete mich mit zwei jungen Männern an, die auf einem Boot lebten. Der eine kam aus Malaysia, der andere aus Singapur. Wir aßen zusammen und sangen Karaoke.

Da ich nicht die Absicht hatte, mein Rückflugticket zu benutzen, bot ich meinen neuen Freunden an, dass man den Flug umbuchen könnte. Einer von ihnen könnte mit meinem Ticket nach Frankfurt fliegen. Sie hielten das für einen Witz, doch ich meinte es ernst.

Es dauerte nicht lange, bis ich auch in Chumphon negativ auffiel. Zu meinem Hotel gehörte ein Restaurant. Dort fand in einem Nebenzimmer eine Feier statt. Ich war so frei, mich selbst einzuladen. Das gefiel dem Chef des Lokals überhaupt nicht und er sorgte dafür, dass ich die Gäste in Ruhe ließ. Ich wurde wütend, verlangte sofort die Hotelrechnung, packte meine Sachen, lief auf die Straße hinaus und ließ mich von einem Auto mitnehmen.

Der Fahrer war ein alter Mann, der kein Wort Englisch verstand. Er sollte mich zu einem 7-Eleven fahren, damit ich mir etwas zu trinken kaufen konnte. Als wir dort ankamen, stand ein Polizist vor dem Eingang. Vielleicht suchten sie mich …

In Wirklichkeit hatten sie Angst vor Anschlägen. An Silvester waren in Bangkok mehrere Bomben explodiert. Aber das wusste ich zu diesem Zeitpunkt noch nicht.

Wir fuhren an dem Supermarkt vorbei. Mein Fahrer brachte mich in ein Hafenviertel. Dort gab es einige Läden, wo man Alkohol kaufen konnte. An diesem Hafen war ich der einzige Tourist: Ein exotischer Anblick. Die Prostituierten, die mir über den Weg liefen, waren nicht auf mich gefasst und verhielten sich eher scheu.

Hier gab es keine Hotels. Der einzige Ort, wo ich übernachten konnte, war ein Bordell. Ich ging mit einem ruhigen Mädchen aufs Zimmer. Ich wollte keinen Sex, sondern einfach nur schlafen und nicht allein sein.

Am nächsten Tag schlurfte ich durch das Viertel. Ich hing in einer Billardkneipe herum und freundete mich mit den Männern an, die dort ihren Tag verbummelten.

Das hier war das wahre Thailand. Einfache Leute aus der Provinz. Wahrscheinlich waren sie nie in Bangkok. Vielleicht hatten sie nicht einmal ihre Stadt verlassen. Hier gab es ja alles, was sie brauchten: Billard, Karaoke, Whisky, Nutten, Fische und Reis. So vergingen einige Tage.

Ein Motorradtaxi fuhr mich aus dem Viertel hinaus, damit ich noch mehr einkaufen konnte. Ich verhielt mich ja seit einiger Zeit, als würde mir endlos viel Geld zur Verfügung stehen.

Dieses Mal ging ich in ein Waffengeschäft. Ich kaufte mir eine Pistole. Zu meinem Bedauern stellte ich fest, dass nur Polizisten Patronen erwerben durften. Trotzdem zeigte ich allen stolz meine Waffe. Was vermutlich ein Fehler war. Kurz darauf fuhr ein Polizeiwagen durch das Viertel und die Beamten durchsuchten das Bordell, in dem ich abgestiegen war.

Im obersten Stock des Hauses hatte ich in einem Zimmer die Fensterscheiben ausgebaut. Schließlich brauchte ich einen Fluchtweg. Nachts hatte ich Angst. Ich fühlte mich verfolgt. Darum wollte ich, dass die Frauen, die mit mir aufs Zimmer gingen, ihre Handys ausschalteten, denn Handys konnte man per Satellit überwachen …

Der ältere Herr, dem das Bordell wohl gehörte, sah aus wie Ho Chi Minh. Er redete wenig. Seine Aura flößte mir Respekt ein. Einmal spendierte er mir einen Schnaps. Dass er mich überhaupt wahrnahm, kam mir wie eine große Ehre vor.

Während ich schweigend neben Ho Chi Minh saß, kam im Thai-Fernsehen eine Sendung über berühmte Personen, die incognito Grenzen überqueren. Man sah die Aufnahmen von Überwachungskameras. Sie zeigten zum Beispiel, wie der ehemalige Premierminister Thaksin, der nach einem Militärputsch abgesetzt worden war, unbehelligt in das Land einreiste.

Um einer Verhaftung zu entgehen, verließ ich das Hafenviertel. Ein Motorradtaxi brachte mich in ein Resort, wo ein Bild von Thaksin auf einem Tresen stand. Auf dem Photo posierte er mit einer Kellnerin, die auch mir das Bier brachte. Ob das wohl ein Zufall war? Oder hatte man mich dezent hierher gelotst?

Wie die Air Force One abgescho

In diesem Resort waren fast alle Bung musste bloß eine Straße überqueren und schon ich an einem einsamen, makellosen Strand. Leider war ich viel zu aufgekratzt, um diese Idylle genießen zu können.

In der Mittagshitze ließ ich auf meinem Zimmer den Fernseher laufen. Mich interessierten nur die Nachrichten. Die Thai-Aktien schienen unaufhörlich zu steigen, während der Dollar ins Bodenlose fiel. Zumindest in meiner überhitzten Phantasie. Aufgeregt erzählte ich allen Leuten, dass sie bald für 100 Baht nach New York fliegen könnten. Was natürlich blanker Unsinn war. 100 Baht entsprachen etwa 2 Euro.

Da ich die Sprache nicht verstand, konnte ich in den Thai-Nachrichten allenfalls die Bilder anschauen und meine eigenwilligen Schlüsse daraus ziehen. Das war fatal. Im Fernsehen wurden ständig Politiker gezeigt, die Krankenhäuser besuchten. So kam ich auf die Idee, dass Anhänger des korrupten Thaksin-Regimes das Trinkwasser und die Lebensmittel vergifteten, um die neue Regierung zu bekämpfen.

Außerdem sah ich einen Flugzeugabsturz in einer Wüstenlandschaft, die ich für Afghanistan hielt. War das nicht die Air Force One? Rebellen kletterten auf das Flugzeugwrack. Aus dem Off hörte man die Stimme des Präsidenten. Er musste schwer verletzt sein. War das eine Halluzination?

Plötzlich tauchte auch Saddam Hussein wieder auf. Die Amerikaner hatten einen Doppelgänger hingerichtet.

Genau, wie ich es prophezeite. Saddam stellte sich nun freiwillig einem internationalen Gericht. Er wollte einen fairen Prozess.

Die Ereignisse überschlugen sich, aber ich war der einzige, der das bemerkte. Leider konnte ich keine Deutsche Welle empfangen. In meinen Augen war das kein Zufall, denn *sie* wollten mir bestimmte Informationen vorenthalten.

Ich hätte zu gerne gewusst, was in Deutschland passierte. Wenn die Amerikaner und ihre Verbündeten aus Afghanistan vertrieben wurden, dann herrschte in Berlin Alarmstufe Rot. War der Verteidigungsminister bei den Truppen, als sie unter Beschuss gerieten? Vielleicht sogar der Außenminister? Oder die Kanzlerin? Vielleicht waren sie alle schon tot.

Je länger ich vor dem Fernseher saß, umso mehr steigerte ich mich in den Wahn hinein, dass weltweit die Machtverhältnisse kippten. Bush war so gut wie tot. Die Amerikaner wurden von den Kriegsschauplätzen des *War against Terror* verjagt wie damals in Vietnam.

Gleichzeitig tagte eine Asien-Konferenz. Hier präsentierten sich die Gewinner des 21. Jahrhunderts. Allen voran der neue thailändische Premierminister. Die Thais könnten die Welt beherrschen. Sie mussten bloß in Bildung investieren. Ihre Jugend war neugierig. Also brauchten die Thais Leute wie mich: Nämlich Lehrer. Ich war der richtige Mann zur richtigen Zeit am richtigen Ort.

Einmal sah ich im Fernsehen eine Hubschrauber-Staffel der Thai Army. Ein Himmel voller Helikopter. Als ich nachts vor dem klaren Sternenhimmel stand, fing ich an zu glauben, dass die Lichter keine Sterne, sondern Hubschrauber wären. Das Land befand sich im Ausnahmezustand.

Ich wurde nun endgültig paranoid. Abgesehen von der Angst, die mich wach hielt, fühlte ich mich großartig, schließlich erlebte ich gerade *das* Abenteuer meines Lebens.

Chumphon war das geheime Zentrum der Ereignisse. Jede Bewegung wurde von Satelliten überwacht. Nachts war die Gefahr am größten. Ich schlich barfuß durch das Resort wie bei einem Häuserkampf. Aufgescheucht von diffusen Geräuschen, pirschte ich durch die Dunkelheit. Hinter jeder Ecke konnte der Feind lauern.

Nachts bewachte ein junger Thai das Resort. Er hatte immer eine Taschenlampe in der Hand und einen Hund an seiner Seite. Da ich nicht schlafen konnte, gesellte ich mich zu der Nachtwache. Wenn er einschlief, übernahm ich das Kommando und streifte mit der Lampe durch die Gegend.

Anstatt mit dem Nachtwächter zu reden, kritzelte ich Notizen auf Bierdeckel. Der Feind durfte uns nicht hören. Dabei glaubte ich allen Ernstes, die Nachtwache würde meine Botschaften mit dem Handy fotografieren und an die Armee schicken.

Einmal schrieb ich „Silenzio!" auf einen Bierdeckel. Am nächsten Tag sah ich im Fernsehen, wie afghanische Rebellen in der Dunkelheit um die abgestürzte Air Force One schlichen und „Silenzio!" auf den Rumpf des Flugzeugs sprühten. Als hätte ich ihnen das beigebracht.

Ich schaltete abwechselnd CNN und die Nachrichten im Thai-Fernsehen ein. Auf CNN hielt George W. Bush die üblichen Reden, obwohl ich doch wusste, dass er schwer verletzt in der abgestürzten Air Force One saß und von Taliban-Rebellen umzingelt wurde. Der Mann, der auf CNN George W. Bush spielte, war ein Doppelgänger. Ein anderer Schauspieler verkörperte Dick Cheney. Das alles war eine lächerliche Farce.

In Afghanistan hatte sich der Wind gedreht. Nun jagten die Taliban die Amerikaner vor sich her. Die Bundeswehr stand unter Beschuss. Die Soldaten der Anti-Terror-Koalition ergaben sich den Terroristen.

Was von der US-Regierung übrig blieb, musste vor ein internationales Gericht. Jahrelange Kriegsverbrechen würden bestraft werden. Auch die Bundesregierung war darin verwickelt.

Solche Nachrichten waren ganz nach meinem Geschmack. Diese Dramatik entsprach meinem Charakter. Ich mochte alles, was außergewöhnlich war. Das Normale und Alltägliche ödete mich an.

Der 11. September hatte mich schwer fasziniert. Dieser denkwürdige Tag war der Anfang vom Ende des amerikanischen Imperiums. Danach wartete ich monatelang auf neue Sensationen. Doch nun wurde die Weltpolitik dank meiner Paranoia wieder spannend. Auch wenn ich der einzige war, der das registrierte.

Im Fernsehen sah ich eine Wrestling-Show. Anstatt sich gegenseitig zu beleidigen, brüllten die Wrestler eine Hasstirade ins Publikum, die gegen die amerikanische Regierung gerichtet war: „Condi, I can smell your dirty cunt!" Und ähnliche Schweinereien. Im Publikum saßen Soldaten, die offenbar desertiert waren.

Da ich zu viel wusste, war ich in Gefahr. Was genau wusste ich eigentlich? Im Nachhinein ist das schwer zu sagen. Ich kam mir jedenfalls wahnsinnig wichtig vor.

Seitdem in Bangkok Bomben explodierten, war man nirgends mehr sicher. Wahrscheinlich wurden die Terroristen vom Westen bezahlt. Thailand würde bald eine wirtschaftliche Großmacht sein, deren Aufstieg man verhindern wollte.

Die Wrestling-Tirade hatte mich dazu inspiriert, in der Öffentlichkeit herumzuschreien. So beschimpfte ich Mitglieder der deutschen Regierung als Gay Nazis, während ich am Strand nach Landminen suchte. Ich malte mit den Zehen eine 12 in den Sand und schrie: „12 o'clock check out time!" Um 12 Uhr sollten Bush, Merkel & Co. zurücktreten. Ansonsten würde ich ihnen meine muslimischen Freunde aus Malaysia und Singapur, denen ich ein Ticket nach Frankfurt schenken wollte, auf den Hals hetzen.

Ich war außer mir, völlig entfesselt, manisch und paranoid. Dabei glaubte ich, das wäre furchtbar beeindruckend. In Wahrheit ging ich den Leuten extrem auf die Nerven. Allein die Höflichkeit der Thais hinderte sie daran, mir unverblümt mitzuteilen, dass ich mich gefälligst beherrschen sollte.

Plötzlich stand ein Polizeiwagen vor meinem Bungalow. *Sie* kamen wegen mir. Einer der beiden Polizisten konnte ein paar Worte Englisch. Er sagte mir, ich sollte mitkommen. Was wollten *sie* von mir? Mich liquidieren?

Ich kletterte auf die Ladefläche des Pickups, den der Polizist fuhr. Er wollte mich zu einem Busbahnhof bringen.

Von dort aus sollte ich Richtung Bangkok verschwinden. Während der Fahrt legte ich mich auf die Ladefläche, so dass mich niemand sehen konnte, da überall Scharfschützen lauerten.

Als wir den Busbahnhof erreichten, bedankte ich mich überschwänglich bei dem Polizisten, dass er mich am Leben ließ. Ich hatte schon befürchtet, er würde in eine abgelegene Gegend fahren, um mich dort zu erschießen. Immerhin hatte ich vehement über den Ex-Premierminister Thaksin gelästert, der von manchen Thais wie ein Gott verehrt wurde.

Ich stieg nicht in den Bus nach Bangkok. Das wäre viel zu vernünftig gewesen. Nein, ich wollte in Chumphon bleiben. Die Stadt gefiel mir. Sie lag strategisch günstig. Außerdem gab es hier kaum Touristen. Und die Strände waren phantastisch. Überglücklich am Leben zu sein, schlenderte ich durch die Straßen. In einer menschenleeren Gasse setzte ich mich auf den Boden, atmete tief durch und öffnete eine Flasche Whisky.

Das Lügenimperium

Später landete ich in einer Karaoke-Bar. Auf der Bühne standen leicht bekleidete Mädchen, die voller Hingabe Thai-Lieder sangen. Niemand erwartete hier einen Ausländer. Ich blieb bis zum Schluss. Als die Lichter erloschen, saß ich eine Weile im Dunkeln. An meinem Tisch hockten zwei Thais, die weiter trinken wollten. Sie sahen mich stumm an.

Die Szene war unheimlich. Wer konnte schon sagen, was den beiden Thais durch den Kopf ging. Vielleicht hatten sie es auf mich abgesehen. Ich hatte Angst. Also ging ich auf die Straße, die noch beleuchtet war. Ein junges Paar stieg gerade in einen Pickup. Ich fragte, ob sie mich mitnehmen könnten. Sie hatten zuerst Bedenken, doch ich flehte sie an: „Don't leave me alone!"

Sie fuhren mich zu einem Hotel mit goldenen, chinesischen Schriftzeichen über dem Eingang. Eine feine Adresse. Alles sah neu aus und frisch poliert.

Kaum dass ich auf meinem Zimmer war, bestellte ich per Telefon eine Massage. Ich konnte jetzt nicht allein sein. Das Mädchen, das mich massieren sollte, hatte Angst vor mir und ergriff die Flucht.

Um der Einsamkeit zu entkommen, ging ich hinunter in die Lobby. Das Personal war auffallend jung. Sie freuten sich wie kleine Kinder, dass sie endlich einen Ausländer kennen lernten.

Nach einigen Tagen lud mich der Manager des Hotels zu seinem Geburtstag ein. Er hatte viele Freunde. Wir fuhren in einer Moped-Kolonne zu einer Karaoke-Bar. Dort amüsierten wir uns mit ein paar Mädchen und tranken Whisky. Alle fanden mich witzig. Niemand kam auf die Idee, dass ich schizophren sein könnte.

In dem Hotel fand offenbar eine Tagung statt. Die Teilnehmer sahen sehr chinesisch aus. Da ich im Fernsehen immer wieder Bilder von einem asiatischen Gipfeltreffen sah, glaubte ich, die Tagung in meinem Hotel hätte irgendwas damit zu tun. Die Gäste, die hier ein und aus gingen, waren vielleicht Diplomaten oder Politiker.

Als ich einmal durch den Flur zu meinem Zimmer ging, sah ich eine offene Tür. Im Vorbeigehen warf ich einen Blick hinein. Dort saßen zwei junge Thais, die gebannt auf ihre Laptops starrten. Was sie so faszinierte, das war eine Filmsequenz, die allzu real wirkte: Soldaten in Tarnuniformen gingen in Deckung hinter einem rollenden Panzer. Ich dachte sofort, die Bilder kämen live aus Afghanistan.

Tagsüber hatte ich kein Problem damit, allein zu sein. Nur die Nächte waren schwierig. Solange es hell war, schrieb ich auf meinem Zimmer ein Manifest mit dem Titel „The school of divine anarchy". Das Manuskript habe ich leider unterwegs verloren.

Zum Frühstück trank ich das erste Bier und nachmittags öffnete ich eine Flasche Whisky. Aber ich wurde nie betrunken, denn ich trank langsam, mit vielen Pausen. Ich musste nicht high werden. Das war ich ohnehin.

Aus Gründen, die ich heute nicht mehr nachvollziehen kann, war ich der festen Überzeugung, dass meine Number One, die blonde Frau aus Koh Phangan, bald eintreffen würde. Alle Thai-Ladies waren ja bloß ein lauer Vorgeschmack auf diese Frau, deren Namen ich nicht kannte, weil ich nie ein Wort mit ihr gewechselt hatte.

Natürlich kam die Number One nicht. Woher sollte sie auch wissen, wo ich mich aufhielt? Wahrscheinlich war ihr Urlaub längst zu Ende.

Da ich rund um die Uhr von Satelliten überwacht wurde, brauchte ich jedoch keine schöne Frau, um meine Eitelkeit zu befriedigen. Beim Fernsehen glaubte ich sogar, ich könnte mit meinen abschätzigen Kommentaren das Programm beeinflussen. Wenn ich zum Beispiel brüllte „Ihr Lügner!", so kamen die Nachrichtensprecher ins Stottern und wechselten schnell das Thema ... Oder bildete ich mir das nur ein?

Der Unsinn, der auf CNN erzählt wurde, regte mich maßlos auf. Auch die Fox News verloren kein Wort über den Abschuss der Air Force One in Afghanistan. Doch plötzlich änderte der Sender seinen Stil. Zweifellos hatten sie Angst vor mir. Würde ich dazu aufrufen, alle Aktien von Rupert Murdochs News Corporation zu verkaufen, könnte ich dieses Lügenimperium ruinieren. Um das zu verhindern, interviewten Fox-Reporter plötzlich Passanten auf der Straße, die genauso wie ich der Meinung waren, dass die Fox News im Interesse des Großkapitals Halbwahrheiten und Fehlinformationen verbreiteten.

Schließlich brachten sie sogar die Nachricht, dass Condoleezza Rice von GIs erschossen wurde. Zumindest bildete ich mir das ein. Die Thais, denen ich davon erzählte, zuckten bloß mit den Achseln oder lächelten unverbindlich. Sie wussten nicht, wer Condoleezza Rice ist.

Hinter allem steckt natürlich die CIA

Einmal hockte ich auf dem Gehsteig vor einem chinesischen Juwelierladen und beschmierte ein Zeitungsphoto des ehemaligen Premierministers Thaksin mit einer blutroten Farbe. Dabei benutzte ich nicht einen Pinsel, sondern meine Füße. Ich hielt das für eine Kunstperformance. Wenn man bedenkt, dass Thaksin gerade in der Provinz immer noch viele Anhänger hatte, so war es ziemlich gewagt, Thailands Berlusconi in der Öffentlichkeit zu beleidigen.

Es dauerte nicht lange, bis ich Aufsehen erregte. Ein älterer Herr, der sehr wichtig aussah, stand plötzlich vor mir und stellte die berechtigte Frage: „Was soll das?" Daraufhin antwortete ich dreist: „Gehören Sie auch zur Thaksin-Mafia?" Der Mann trug ein weißes Hemd und eine Krawatte. Vielleicht nahm er an der Tagung in meinem Hotel teil, dachte ich. Ja, vielleicht war er sogar ein Politiker ... In meiner Welt gab es keine Zufälle mehr. Man musste nur ein paar Details kombinieren, um die Zusammenhänge zu begreifen.

Während mich dieser honorige Herr zur Rede stellte, blieben Passanten stehen, um zu beobachten, was hier vor sich ging. Ich fragte den Mann: „Sie mögen Thaksin? Dann mögen Sie auch die Korruption?" Daraufhin lächelte mein Gegenüber. Ich dachte triumphierend: Oh, er fühlt sich ertappt! Wahrscheinlich lächelte er aus Verlegenheit, da er keine Ahnung hatte, was das Wort „Korruption" bedeutet. Im Thai-Wortschatz kam es bestimmt nicht vor.

Langsam bildete sich eine Menschentraube um mich herum, als wäre ein Unfall passiert, bei dem man nicht wegsehen konnte. Die Schaulustigen starrten etwas ratlos auf den Boden, wo das entstellte Thaksin-Photo lag. Die warten bloß auf ein Kommando, um mich zu lynchen, dachte ich. Mit vorsichtigen Schritten zog ich mich zurück. Niemand folgte mir.

Dieser Mann, den ich als Anhänger einer gestürzten, da korrupten Regierung entlarven wollte, hatte bestimmt gute Kontakte zur Polizei. Also war es besser, ihm aus dem Weg zu gehen. In den folgenden Tagen schien mir der Mann immer wieder zu begegnen. Ich gab ihm den Spitznamen Mr. Woo. Dieser Mystery Man tauchte sogar im Fernsehen auf. Oder war das etwa eine Halluzination?

Nachts traf ich Mr. Woo zufällig in einer Karaoke-Bar. Er saß an meinem Tisch und war hoffnungslos betrunken. Er plapperte etwas vor sich hin, was ich nicht verstand. War das wirklich derselbe Mann? In seinem Zustand konnte er mir jedenfalls nicht gefährlich werden.

Ich war jederzeit auf das Schlimmste gefasst. Wenn ich einen Raum betrat, platzierte ich mich so, dass ich alles unter Kontrolle hatte. Hinter meinem Rücken durfte höchstens eine Wand sein. Unruhig wanderte mein Blick umher. Lange saß ich nie auf einem Platz, denn es ist schwieriger, ein bewegliches Ziel zu treffen … Nachts war ich unfähig zu entspannen. Ständig saß mir diese Angst im Nacken.

Der Kampf gegen die Thaksin-Mafia hatte gerade erst begonnen. Thaksin gab auf CNN ein Interview, um seine Unschuld zu beweisen. Die USA lieferten diesen Kriminellen nicht an die thailändischen Behörden aus. Warum? Er hatte einfach zu viel Geld.

Das brachte mich auf die Idee, dass die CIA hinter den Bombenanschlägen in Bangkok steckte. Auch die Vogelgrippe wurde von amerikanischen Geheimagenten in Umlauf gebracht, um die asiatischen Tigerstaaten zu schwächen. Es war berauschend, der einzige zu sein, der solche Zusammenhänge durchschaute.

Ein konspiratives Treffen mit der Tochter von Johnny Depp

Eines Morgens gab es in meinem Hotel einen seltsamen Zwischenfall. Eine Scheibe war zu Bruch gegangen. Ein Tourist lag verletzt auf seinem Zimmer. In einem Streit hatte ihn jemand gegen die Scheibe geworfen. Dieser Mann war überhaupt kein Tourist. Mir konnte er nichts vormachen. In Wirklichkeit gehörte er zu einem Geheimdienst und hatte zu viel herumgeschnüffelt ...

Gegenüber dem Hotel befand sich eine Kneipe. Dort trafen sich die wenigen Ausländer, die in Chumphon lebten. Von ihnen fühlte ich mich sofort beobachtet. Während ich mit einem Thai-Mädchen im Nebenzimmer Billard spielte, nötigte mir ein Deutscher ein Gespräch auf. Ich dachte, der Mann würde als Journalist an der Tagung in meinem Hotel teilnehmen. Doch in Wahrheit arbeitete er für den Bundesnachrichtendienst und wollte mich beschatten ...

Wenn ich durch die Straßen ging, nahm ich die Dächer in Augenschein, weil ich dort allen Ernstes Scharfschützen vermutete. Ich fing an zu schreien, um die Sniper zu verscheuchen. Ich brüllte wie ein Wrestler, der unsichtbare Gegner herausfordert.

Einmal ging ich in ein Geschäft, in dem Motorroller verkauft wurden. Der Laden befand sich in einer großen Halle mit einer wunderbaren Akustik. Ich fragte die Mechaniker nach einer Toilette. Dort schloss ich mich ein und fing an laut zu fluchen. Das hörte sich wohl an wie ein Soundcheck für eine Schrei-Orgie von Klaus Kinski.

Ich hörte erst auf, als die Polizei gegen die Tür klopfte. Ein bisschen Spaß muss sein, meinte ich. Sie fanden das gar nicht komisch. Doch das Englisch der Beamten war zu schlecht, um mich zu verhören. Händeringend erklärten sie mir, ich sollte keinen Stress machen. Ich gab ihnen mein Ehrenwort. Sie ließen mich gehen.

Es dauerte nicht lange und ich fiel wieder negativ auf. In einem Pub spielte eine Country-Band. Die Musik war phantastisch. Nach jedem Lied klatschte ich begeistert und natürlich viel zu laut. Das ging manchen Gästen auf die Nerven.

Die Thais, die in diesem Pub saßen, gehörten eindeutig zur upper class. Sie trugen goldene Siegelringe und waren erstaunlich dick. Diese hässlichen Bonzen entsprachen meinem Klischee der Thaksin-Mafia, die keine Gelegenheit ausließ, um sich schamlos zu bereichern.

Als ich aufs Klo ging, folgten mir zwei Männer. Sie sahen gefährlich aus mit ihrem fetten und dreckigen Grinsen. Wenn ich Glück hatte, wollten sie mich nur zusammenschlagen.

Ich schloss mich in einer Kabine ein. Dort fand ich einen Wasserschlauch. Damit spritzte ich über die Toilettenwand und erwischte die Männer, die am Pissoir standen. Es kam zu einem hitzigen Wortgefecht. Ich entschuldigte mich wortreich. Aber das hatte keinen Sinn. Also zahlte ich und ging.

Am Ende der Straße fand ich eine Karaoke-Bar. Singen war für mich wie beten. Beim Singen hatte ich keine Angst. Und mit ein paar Mädchen im Arm, war man halbwegs sicher.

Durch den Whisky und die vielen Zigaretten bekam ich eine raue Stimme wie Tom Waits. Darum imitierte ich seinen ruppigen Gesangsstil. Ich amüsierte mich prächtig.

In dieser Bar arbeitete eine Kellnerin, die aussah, als wäre sie die Tochter von Johnny Depp. Sie hatte die gleichen Gesichtszüge. Mademoiselle Depp gab sich keine Mühe, kundenfreundlich zu sein. Ihr unterkühltes Lächeln gefiel mir. Dieses Lächeln sollte mir etwas sagen. Es enthielt eine geheime Botschaft. Mademoiselle Depp wollte mit mir kommunizieren, ohne zu reden. Dass ich ihr begegnete, war kein Zufall. Was wollte sie mir mitteilen? Vielleicht: Follow the white rabbit?

Wie ich meinen letzten Cent verlor

Nach einigen Gläsern Whisky fühlte ich mich zu sicher. Mitten in der Nacht stieg ich auf das falsche Moped. Zwei junge Männer nahmen mich mit. Ich dachte, sie gehörten zu den Kumpels meines Hotel-Managers. Doch in Wirklichkeit waren sie nicht einmal Thais.

Sie erzählten mir, dass sie aus Malaysia kämen und fragten mich: „Willst Du Ganja rauchen?" Ich sagte: „Nein!" Dann wollten sie wissen: „Hast Du eine Freundin?" Ich dachte an meine Number One aus Koh Phangan und sagte: „Ja!" Daraufhin meinten sie: „First we smoke Ganja, then we fuck your girlfriend." Ich erwiderte, das wäre keine gute Idee.

Wir fuhren aus der Stadt heraus. Die Straßen wurden immer öder. Als ich auf das Moped gestiegen war, hatte ich gesagt, sie sollten mich zu einem 7-Eleven bringen. Stattdessen landete ich in einem dunklen Niemandsland.

Plötzlich hielt der Fahrer an und stieg ab. Sein Kumpel ging mit den bloßen Händen auf mich los. Zum Glück reagierte ich schnell und rannte, als wäre der Teufel hinter mir her. Dabei brüllte ich so laut wie ich konnte. In der Nähe stand ein Haus. Auf dem Hof fand ich eine lange Plastikleiste, die ich als Waffe benutzte.

Meine Gegner hatten inzwischen schwere Steine in der Hand. Mein wildes Geschrei irritierte sie, denn sie hatten keine Ahnung, dass sie einen Irren angegriffen hatten. Ein Wahnsinniger ist unberechenbar.

Ich deutete auf den Sternenhimmel. Die Lichter dort Kampfhubschrauber. Die Thai Army war bereit, mich zu beschützen. Noch zögerten sie einzugreifen, vielleicht wollten sie sehen, wie ich im Nahkampf mich selbst verteidige. Wahrscheinlich war das ein Initiationsritual.

Meine Wahnvorstellungen gaben mir ein monströses Selbstbewusstsein, das offenbar abschreckend wirkte. Durch die Krankheit konnte ich Kräfte entfesseln, von denen gesunde Menschen nichts wissen.

Die beiden Angreifer blieben stehen und starrten mich entgeistert an. Zum Glück dämmerte es bereits. Ohne den Schutz der Dunkelheit wagten es diese hinterhältigen Kleinkriminellen nicht mehr, auf mich loszugehen. Sie hockten sich wieder auf ihr Moped und verschwanden.

Was wollten sie überhaupt von mir? Wollten sie mich ausrauben, mich verprügeln oder gar erschlagen? Vielleicht wussten sie das selbst nicht. Anscheinend hatten sie Drogen genommen. Da kann man schon einmal die Orientierung verlieren.

Bald tauchten ein paar Thais auf, denen ich aufgeregt meine Geschichte erzählte. Sie bestaunten meine Schürfwunden und boten mir was zu trinken an. Einer von ihnen fuhr mich zurück in die Stadt.

Seit dieser Nacht war mein Portemonnaie verschwunden. Doch im Nachhinein ist es schwer zu sagen, ob die beiden Angreifer mir den Geldbeutel aus der Hose zogen oder ob ich ihn bei einem Mädchen verloren habe, mit dem ich an diesem Abend nach Hause ging.

Jedenfalls war ich nun völlig mittellos. Wochenlang hatte ich, ohne weiter darüber nachzudenken, sehr viel Geld ausgegeben. Und jetzt hatte ich keinen Cent mehr.

So landete ich auf einer Polizeistation. Ein älterer Herr mit einem gutmütigen Lächeln kümmerte sich um mich. Er brachte mir eine Tütensuppe und sagte immer wieder: „Nevermind!" Das war sein Mantra.

Auf der Polizeistation sprach mich ein Junge an, der vielleicht sechzehn Jahre alt war. Er saß in einer Gefängniszelle. Seit einer Woche bekam er nichts zu essen. Außerdem wurde er von den Wärtern misshandelt. Ich gab dem Jungen die Tütensuppe, die er gierig herunter schlang. „Gehst Du noch zur Schule?", fragte ich ihn. Er nickte. „Ich bin Lehrer", erzählte ich, „in Hua Hin gibt es eine deutsche Schule. Dort möchte ich arbeiten." – „Das ist meine Schule", entgegnete der Junge. – „Warum kannst Du dann kein Deutsch?" – „Auf unserer Schule wird kein Deutsch unterrichtet."

Eine deutsche Schule, auf der man kein Deutsch lernen kann: Das war so logisch wie ein italienisches Restaurant, in dem es weder Pasta noch Pizza gibt. Vielleicht war das überhaupt keine Schule, sondern eine Tarnung für ganz andere Aktivitäten … Mir kam das alles sehr verdächtig vor.

Später tauchte der Vater des inhaftierten Jungen auf. Ein alter, korpulenter Mann mit einem goldenen Siegelring und einem dreckigen Grinsen. Er schenkte seinem Sohn kaum Beachtung und redete bloß mit den Polizisten. Ich dachte sofort: Der gehört auch zur Thaksin-Mafia.

Von der Polizeistation aus hatte ich die größte Mühe mein Hotel zu finden. Ich konnte ja nicht einmal sagen, wie es hieß. Der Name des Hotels stand in chinesischer Schrift über dem Eingang. Woher sollte ich wissen, wie man das ausspricht?

Nach stundenlanger Suche hatte ich Glück und stand plötzlich vor dem Hotel. Ich berichtete dem Manager, dass ich überfallen und ausgeraubt wurde. Er, der es so eilig hatte, mich in seinen Freundeskreis aufzunehmen, erwies sich in der Not tatsächlich als ein Freund.

Zunächst brachte er mich in ein winziges Apartment, das er mit zwei anderen Thais teilte. Einer von ihnen arbeitete als Koch im Hotel. Sein Gesicht erinnerte mich an Chuwit Kamolvisit, den Bordellkönig von Bangkok, der lauthals die Korruption anprangerte, weil er Gouverneur werden wollte.

Der Manager ließ mich allein in der Wohnung zurück. Er musste arbeiten. Ich hatte Angst und verriegelte die Tür. Vom Fenster aus spähte ich zur Straße hinunter. Jede Bewegung dort draußen war jetzt suspekt. Die banalsten Geräusche klangen unheilvoll. Es lag etwas in der Luft, und das war nichts Gutes.

Später holte mich der Manager mit dem Moped ab. Wir fuhren zum Haus seiner Eltern. Dort konnte ich duschen und die Kleider wechseln. Er stellte mich seinem altersschwachen Vater vor, der aussah, als wäre er sein Großvater.

Die Hilfsbereitschaft des Managers ging so weit, dass er mir ein Zugticket nach Bangkok kaufte. Er bestand darauf, mich bei dieser Fahrt zu begleiten. Dafür versetzte er sogar einen goldenen Siegelring, was eine große Geste war, denn Gold stellt für die Thais in schlechten Zeiten die letzte Reserve dar. Dass der Manager diese Reserve für mich opferte, war ein erstaunlicher Beweis seiner Freundschaft.

Im Zug saßen viele junge Thais. Einige von ihnen fragte ich, ob sie Schüler der German International School wären. Da sie kein Wort verstanden, nickten manche.

Anstatt in meinem Abteil sitzen zu bleiben, inspizierte ich den Zug. Vor allem musterte ich die Fahrgäste. Die beiden Kerle, die mich überfallen hatten, liefen noch frei herum. Vielleicht verfolgten sie mich.

Obdachlos im Großstadtdschungel

In Bangkok gingen wir sofort zur Deutschen Botschaft. Aber wir waren zu spät. Die Botschaft hatte bereits geschlossen. „Das ist ein Notfall", flehte ich den Pförtner an. Er wies sachlich auf die Öffnungszeiten hin. Doch für mich war sofort klar: Die Botschaft wollte mir nicht helfen, denn ich wusste zu viel. Die German International School war vermutlich ein Knotenpunkt illegaler Aktivitäten, in die sogar deutsche Diplomaten verwickelt waren.

Wenn mir die Botschaft nicht weiterhelfen wollte, dann würde ich mir eben einen thailändischen Pass besorgen, dachte ich hoffnungslos naiv. Als wenn das so einfach wäre.

Ein Taxi brachte mich zum Immigration Office. Dort kam ich auch zu spät. Wie ein schmollendes Kind setzte ich mich auf eine Bank und beschloss, auf dieser Bank die Nacht zu verbringen. Am nächsten Morgen wollte ich der Erste sein, der seinen Einbürgerungsantrag unterschreibt.

Der Hotelmanager aus Chumphon war im Lauf des Tages immer nervöser geworden. Allmählich dämmerte ihm, mit wem er da unterwegs war. Ständig bekam er Anrufe von zu Hause. Er musste dringend zurück. Natürlich gehörte das Hotel, in dem er arbeitete, der Thaksin-Mafia. Diese widerlichen Bonzen wollten nicht, dass einem Dissidenten wie mir geholfen wurde. Für die herrschende Klasse war ich zu gefährlich.

Der Manager litt offenbar unter schweren Schuldgefühlen, als er sich von mir verabschiedete. Er wollte mich nicht allein lassen. Er hatte freilich keine Wahl. Also gab er mir 300 Baht und ging.

Die Nacht auf der Parkbank entwickelte sich zu einem Alptraum. Die Moskitos ließen mir keine Ruhe. Außerdem hatte ich Angst, im Schlaf überfallen zu werden.

Als endlich das Immigration Office geöffnet wurde, fühlte sich niemand zuständig für meinen Fall. Wahrscheinlich redete ich zu schnell und zu konfus. Vor allem hatte ich keine Ahnung, welche Voraussetzungen man erfüllen muss, um die thailändische Staatsbürgerschaft zu erwerben. Ich war nicht mit einer Thai-Frau verheiratet. Ich hatte keinen Job in diesem Land. Ich hatte ja nicht einmal Geld.

Die Beamten gaben mir Formulare, die ich ausfüllen sollte. Das ging mir alles viel zu langsam. Entnervt stürmte ich aus dem Gebäude. Während ich überlegte, wie es jetzt weitergehen könnte, lungerte ich auf der Straße herum. Dort lernte ich Wiley kennen.

Wiley war ein junger, muskulöser Thai, der mich in eine Gasse schleppte, wo ein kleines Fest stattfand, bei dem ich essen und trinken konnte, so viel ich wollte. Voller Stolz führte mir Wiley die Großzügigkeit der Thais vor Augen.

Dann stellte er mich seinen Kumpels vor. Einer von Wileys Freunden sah dem *Killer* aus Koh Phangan täuschend ähnlich. Vielleicht war er's ja. Wir tranken zusammen Singha-Bier. Der vermeintliche *Killer* behauptete, im Lumphini-Stadion als Thai-Boxer aufzutreten. Nebenbei würde er in Hua Hin Soldaten ausbilden. Ich fragte ihn: „Kennst Du die deutsche Schule in Hua Hin?". Er nickte geheimnisvoll.

Am Ende behauptete der *Killer* sogar, er hätte mit Frank-Walter Steinmeier geboxt und ihn anschließend von hinten genommen ... In Wahrheit hatte ich ein paar Suggestivfragen gestellt, die er gar nicht verstehen konnte. Und nach ein paar Drinks kam er sich eben sehr wichtig vor.

Doch bei Wiley und seinen Kumpels fühlte ich mich auch nicht sicher. Je mehr Wiley trank, umso aggressiver redete er. Während ich mit meinen neuen Freunden ein Bier nach dem andern trank, beobachtete ich, wie ein kleiner Junge die Motorhaube eines Autos öffnete und an irgendetwas herum schraubte. Danach ging er zu einem fetten, älteren Herrn, der mit seinem schmierigen Grinsen wie ein Kinderschänder aussah und dem Jungen einen Geldschein in die Hand drückte.

Ich war fest davon überzeugt, dass der Kleine den Wagen manipuliert hatte, um einen Unfall zu provozieren. Waren das nicht typische Mafia-Methoden, mit denen man widerspenstige Leute einschüchterte? Diese Gegend war auf jeden Fall gefährlich. Im Suff könnten Wiley und der *Killer* vergessen, dass sie angeblich meine Freunde waren. Und die Thaksin-Mafia lauerte überall.

Also zog ich weiter, mitten in der Nacht: Barfuß und schwer paranoid.

Trau keinem Arzt!

Ziellos streunte ich durch die Dunkelheit. Eine unsichtbare Hand führte mich zu dem berühmten Erawan-Schrein. Der Eingang war bereits geschlossen. Ein uniformierter Wächter fegte den Boden.

Vor einigen Monaten hatte ein besoffener Tourist versucht, den Schrein zu zerstören. Wer oder was steckte hinter diesem Anschlag? Vielleicht die Thaksin-Mafia? Oder doch die CIA?

Der Erawan-Schrein befindet sich an einer Kreuzung. In Bangkok sieht man auf den Ampeln einen Countdown mit roten oder grünen Zahlen. Dadurch wissen die Autofahrer, wie lange sie noch warten müssen oder durchfahren können.

Ich stellte mich an die Kreuzung, zog mein T-Shirt aus, wirbelte es durch die Luft und zählte lauthals den Countdown mit: 10, 9, 8, 7 … Zwischendurch schrie ich: „Wir säubern diese Stadt!“ Mit anderen Worten: „ICH befreie euch von der Thaksin-Mafia, der CIA, ja von allen Übeln dieser Welt!“ Kurzum: „ICH bin der Messias. Wann begreift ihr das endlich?“

Auf dem Trottoir schlichen Passanten herum, die mir alle suspekt vorkamen. Manche Fußgänger lächelten mich an und wollten mit mir reden. Ich hatte Angst vor ihnen. Diese Angst war durchaus berechtigt. Nach einer Weile merkte ich, dass mir jemand folgte. Ich rannte über die Straße und sprang vor ein Auto, das mich fast angefahren hätte. Auf der anderen Straßenseite kamen Fremde auf mich zu. Sie wollten mich berühren, als wäre ich tatsächlich der Messias. Ich wurde eingekreist. Dann gingen sie auf mich los. Mindestens ein halbes Dutzend junger Männer. Ihr Anführer war ein älterer, etwas korpulenter Herr mit einem dreckigen Grinsen. „Die Thaksin-Mafia schlägt zurück!", war mein letzter Gedanke.

Von allen Seiten hagelte es Schläge. Ich warf mich auf den Boden und versuchte meinen Kopf zu schützen. In meiner Verzweiflung machte ich intuitiv das einzig Richtige: Ich konzentrierte mich auf den Anführer der Gang und trat ihm mit voller Wucht gegen den Knöchel. Er schrie erbärmlich. Auf einmal war die Schlägerei zu Ende.

Meine Stirn blutete und das Atmen fiel mir schwer. Eine Rippe war angebrochen. Der Boss des Schlägertrupps inspizierte seine Wunde. Er fand es amüsant, dass ich ihn mit einem Schlag außer Gefecht gesetzt hatte.

Wie aus dem Nichts tauchte ein Polizist auf und legte mir Handschellen an. Er lud mich auf einen Pickup, der zur Lumphini Police Station fuhr. In allen Reiseführern stand, dass diese Gegend nachts gefährlich wäre.

Auf der Polizeiwache wurden die Handschellen geöffnet. Die Beamten stellten mir einige Fragen. Aber ich hatte ja nichts verbrochen. Ich hatte nur meine Angst herausgeschrien. Ich war das Opfer, nicht der Täter. Warum wurde diese Gang, die mich überfallen hatte, nicht festgenommen?

Das Verhör war eine Farce. Die Polizisten füllten ein Formular aus, das ich unterschreiben musste. Ich hatte keine Ahnung, was auf dem Formular stand. Die Polizisten wirkten so lässig und harmlos, dass ich ihnen nichts Bösartiges zutraute.

Dann durfte ich gehen. Doch ich wusste nicht wohin. Daher blieb ich auf der Lumphini Police Station. In diesem unheimlichen Stadtteil war das wohl der sicherste Ort. Vor dem Gebäude standen einige Bänke. Hier legte ich mich hin. Die angebrochene Rippe schmerzte. Aber ich war nicht allein. Ein Engländer, vielleicht um die Fünfzig, lungerte ebenfalls vor der Wache herum. Sein Name war Roger. Er befand sich in der gleichen Lage wie ich: Obdachlos, ohne einen Cent in der Tasche und schwer paranoid.

Roger redete mit den Thais in ihrer Sprache. Offenbar lebte er seit vielen Jahren hier. Etwas, worüber er nicht reden wollte, hatte ihn aus der Bahn geworfen.

Während wir auf unserer Bank mit Blick auf die Straße saßen, klärte mich Roger über die Bedeutung der Auto-Kennzeichen auf. Die Thai-Elite wurde eingeteilt in eine Hierarchie von 0 bis 10. Die 0 bezeichnete die höchste Ebene, nämlich die Königliche Familie.

Roger war ein guter Kumpan. Er besorgte mir immer was zu essen und zu rauchen. Und vor allem leistete er mir Gesellschaft, besonders nachts, wenn die Einsamkeit am größten war. Wir sangen Lieder wie „I shot the Sheriff" und wir hatten beide den Blues.

Die Polizisten konnten Roger nicht leiden. Wenn sie aus Langeweile mit ihm redeten, fühlte er sich sofort bedroht und fuchtelte mit seinen Händen vor ihren Gesichtern herum. Seine Paranoia war schon weit fortgeschritten.

Bald lernte ich noch einen anderen Obdachlosen kennen: Einen Thai mit grauen Schläfen und einem ansteckenden Lachen. Nennen wir ihn einfach Mister Jai Dee, was auf Thai „gutes Herz" bedeutet.

Mit ihm zog ich tagsüber durch die Stadt. Er hatte einige Freunde, die als Liftboys oder als Wachpersonal in großen und teuren Hotels arbeiteten. Wir gingen dort ein und aus – ohne einen Cent. Das war durchaus amüsant.

So konnte es nicht ewig weitergehen. Darum suchte ich wieder die Deutsche Botschaft auf, obwohl ich fest davon überzeugt war, dass sie mir nicht helfen würde. Dieses Mal kam ich nicht zu spät. Ein Beamter nahm meine Personalien auf. Dann drückte er mir einen Hörer in die Hand.

Am anderen Ende der Leitung war mein Vater. Natürlich regte er sich auf. Er hatte bereits eine Vermisstenanzeige aufgegeben. Das letzte Mal hatte ich meinen Vater an Weihnachten angerufen. Wir schrieen uns gegenseitig an und ich legte mitten im Gespräch auf.

Inzwischen hatte er Angst, dass ich meinen Job verlieren würde. Meine Krankmeldung war längst abgelaufen. Außerdem hatte ich einen Termin beim Gesundheitsamt versäumt. Ein Disziplinarverfahren wurde bereits eingeleitet.

Mein großer Bruder schaltete einen Anwalt ein, um das Schlimmste zu verhindern. Von all dem wollte ich nichts hören. Wieder schrie ich meinen Vater an und legte auf.

Die Botschaft gab mir 1.000 Baht, also etwa 20 Euro. Damit fuhr ich in die Khao San Road. Dort fand ich in einer Seitengasse eine billige Herberge, wo ich mit drei Rucksacktouristen ein Zimmer teilte.

Am nächsten Morgen ging ich wieder zur Botschaft, um mir die nächsten 1.000 Baht abzuholen. Nun wollten sie mir kein Geld mehr aushändigen. Stattdessen sollte ich zu einer medizinischen Untersuchung. Meine angebrochene Rippe musste behandelt werden. Das war natürlich ein Vorwand.

Ein Mitarbeiter der Botschaft brachte mich zu einem Krankenhaus. Ein Arzt versuchte sich mit mir zu unterhalten. Nachdem ich in der Psychiatrie ans Bett gefesselt und gezwungen wurde, in die Hose zu pinkeln, traute ich keinem Arzt mehr.

Außerdem glaubte ich, dass die Deutsche Botschaft in kriminelle Aktivitäten verwickelt war. In meiner überhitzten Phantasie gab es eine geheime Querverbindung zwischen der Colonia Dignidad in Chile und der deutschen Schule in Hua Hin. Hier wie dort wurden Kinder missbraucht.

Da ich das alles herausgefunden hatte, waren SIE hinter mir her. Im Auftrag der Deutschen Botschaft wurde ich überfallen und ausgeraubt. SIE wollten mein Selbstbewusstsein brechen.

Das Krankenhaus war eine Falle. Bestimmt würde ich dort gefoltert. Wie der Schüler, den ich auf der Polizeistation in Chumphon kennen lernte.

Der Mann von der Botschaft meinte: Es gäbe da noch eine andere Klinik. Die könnte mir eventuell gefallen. Unter falschen Versprechungen lockte er mich in eine Psychiatrie. Hier sollte ich bleiben. Während ich wortreich erklärte, dass ich zu Ärzten kein Vertrauen mehr hätte, wurde ich bereits von einigen Pflegern eingekreist. Jemand legte mir von hinten einen Arm um den Hals. Ich bekam keine Luft mehr und war völlig wehrlos. Sie schleppten mich zu einem Bett, fesselten Arme und Beine und gaben mir eine Spritze, die mich endgültig schachmatt setzte.

Willkommen im Somdet Chaopraya Institute of Psychiatry. In dieser Klinik schlief ich mit etwa 20 Patienten in einem Saal. Alle trugen die gleichen, weißen Kung-Fu-Anzüge. Der Umgangston war sehr militärisch. Es wurde viel geschrien. Das gefiel mir. Beim Morgenappell, vor dem Mittagessen oder während der Medikamentenausgabe musste man in Reih und Glied antreten. Trotzdem herrschte in diesem Krankenhaus eine heitere Atmosphäre. Die meisten Patienten waren eher heiter als wolkig. Und man konnte jederzeit mit den hübschen Krankenschwestern flirten.

Einmal spielten wir in einer Halle Basketball. Die Krankenschwestern verkleideten sich als Cheerleader. Mit lauten Trommeln wurde die Stimmung angeheizt. Es gab keinen Basketball-Korb. Stattdessen stand ein Mitspieler auf einem Stuhl und hob einen Mülleimer hoch.

Ab und zu kamen Diplomaten in die Klinik, um sich mit mir zu unterhalten. Zuerst weigerte ich mich hartnäckig nach Deutschland zurückzukehren. Aber was war die Alternative? Ich konnte nicht ewig in dieser geschlossenen Abteilung bleiben. Langsam wuchs die Eifersucht auf Patienten, die entlassen wurden.

Die Deutsche Botschaft konnte mich aus der Klinik herausholen – falls ich kooperierte und bereit war, mich in ein Flugzeug nach Frankfurt zu setzen. Schließlich engagierte die Botschaft eine Krankenschwester, die mich auf dem Flug begleiten sollte: Ihr Name war Chantana. Sie hätte meine Mutter sein können. Genauso behandelte sie mich. Wenn sie in die Klinik kam, hatte sie immer exquisite Süßigkeiten dabei.

Bei meiner Entlassung kam Chantana mit ihrem Bruder. Er trug eine khakifarbene Uniform und fuhr uns in einem alten BMW zum Flughafen. Beim Einchecken war mir schlecht und kaum dass ich das Flugzeug betreten hatte, erlitt ich eine leichte Panikattacke, als wäre ich unterwegs zu meiner eigenen Beerdigung. Wenn ich Bangkok verlassen musste, fühlte ich mich immer miserabel. Dieses Mal war es extrem. Ich spürte, dass ich das sanfte Siam nie wiedersehen würde. Chantana wollte mir eine Spritze geben. Ich schüttelte den Kopf. Stattdessen schluckte ich ein Beruhigungsmittel.

Vierzehn Stunden später stieg ich in Frankfurt aus dem Flugzeug. Mein Vater und meine Brüder empfingen mich. Zuerst fuhren wir nach Hause. Meine Mutter weinte vor Glück. Sie hatte Angst, ich würde diese Odyssee nicht überleben. Dann brachten sie mich nach Stuttgart in eine

Psychiatrie. Dort blieb ich etwa vier Monate lang. Die Diagnose lautete: „Schizoaffektive Psychose, manische Dekompensation mit langwierigem Negativsyndrom".

Sind wir nur die Sklaven unserer Gene?

Was ist das überhaupt: Eine *schizoaffektive Psychose? Schizo* steht natürlich für Schizophrenie. Patienten, die unter einer Schizophrenie leiden, sind übrigens keine multiplen Persönlichkeiten. Das heißt: Sie entwickeln nicht eine Vielzahl von Pseudo-Identitäten.

Zu den Symptomen einer Schizophrenie zählen Wahnvorstellungen und Sinnestäuschungen. Mein Wahn beruhte auf dem unsinnigen Glauben, dass ich von Geheimdiensten verfolgt und per Satellit überwacht wurde. Die Sinnestäuschung, die ich erlebte, war der Abschuss der Air Force One in Afghanistan.

Affektiv war diese Psychose, weil überspannte, unrealistische Gefühle mich daran hinderten, vernünftig zu handeln. Ich hatte keine Depression, sondern genau das Gegenteil: Eine krankhafte Hochstimmung. Eine Manie. Ich redete wie ein Maschinengewehr. Meine Gedankensprünge waren aberwitzig. Auf die leiseste Kritik reagierte ich sehr gereizt.

Aber wie entsteht diese Krankheit? Oft gibt es genetische Ursachen. Schizophrenie ist eine Erbkrankheit. Meine Großmutter war schizophren. Außerdem können

Hirnschäden, zum Beispiel durch Komplikationen bei der Geburt, eine spätere Schizophrenie begünstigen. Meine Geburt verlief allerdings reibungslos.

Psychiater sprechen von einer erhöhten *Vulnerabilität,* wenn Menschen wie ich anfällig für bestimmte Krankheiten sind. Das allein genügt jedoch nicht. 35 Jahre lang tickte in mir diese genetische Bombe. Warum explodierte sie am 6. Dezember 2006? An diesem Tag erlebte ich den größten Stress meines Lebens. Ich litt unter Todesangst. Der angekündigte Amoklauf löste die Krankheit aus.

Nach vier Monaten in der Psychiatrie fühle ich mich zwar geheilt. Trotzdem besteht die Gefahr, dass ich einen Rückfall erleide. Die Medikamente, die ich täglich einnehme, bieten keinen hundertprozentigen Schutz.

Gene + Stress = Psychose? Diese Gleichung ist zu einfach, um wahr zu sein. Die Therapien, die in der Klinik angeboten wurden, brachten mir leider überhaupt nichts. Also legte ich mich selbst auf die Couch, um eine Antwort auf eine uralte Frage zu finden: „Wer bin ich eigentlich?"

Ein sehnsüchtig erwarteter Befreiungsschlag

Hat mein Beruf mich krank gemacht? Vielleicht ist es kein Zufall, dass die Psychose an meinem Arbeitsplatz ausbrach. Die Amokwarnung vom 6. Dezember 2006 war bloß die Spitze des Eisbergs. Die geballte negative Energie, die sich in einem Amoklauf entlädt, gehört in abgemilderter Form zum Schulalltag.

Lehrer sind oft Sündenböcke für verwöhnte oder überforderte Schüler. Viele von ihnen haben schlechte Manieren, sind selbstgefällig, launisch und schnell gelangweilt. Sie wollen gute Noten, ohne sich anzustrengen. Ständig muss man sie bei Laune halten. Langeweile ist ihr größtes Problem. Der Unterricht sollte sein wie eine Fernseh-Show oder ein Internet-Chat.

Erschwerend kommt hinzu: Schulen sind vor allem Bürokratien, die erstarrtes Wissen verwalten. Die meisten Lehrer arbeiten mit wenig Phantasie und möglichst unauffällig ihr tägliches Pensum ab.

Im November 2006 hatte ich ein Problem mit einer Kollegin. Sie warf mir vor, meine Korrekturen wären nicht nachvollziehbar. Mit anderen Worten: Ich war nicht bürokratisch genug. Als könnte man Deutsch-Aufsätze mit mathematischer Genauigkeit beurteilen.

Doch der Leidensdruck bei meiner Arbeit als Lehrer war drastisch gesunken, nachdem ich mein Deputat auf die Hälfte reduziert hatte. Ich musste nur noch dreizehn Stunden unterrichten. Vieles, was mich früher massiv störte, konnte ich nun gelassen zur Kenntnis nehmen. Jahrelang wurde ich auf der Schule mit emotionalem Giftmüll zugeschüttet, bis ich endlich begriff: Es kommt darauf an, das Gift so zu dosieren, dass es einigermaßen erträglich ist.

Warum brach die Psychose zu einem Zeitpunkt aus, als es mir an der Schule relativ gut ging? Vielleicht sollte die

Psychose mich daran hindern, einen faulen Kompromiss einzugehen. Das halbe Deputat brachte etwas Komfort in die triste Realität. Wenn man außerstande ist, aus den Bleikammern zu fliehen, sollte man es dort wenigstens bequem haben.

In diesem Beruf konnte ich meinen enormen Ehrgeiz nicht befriedigen. War die Psychose nicht die maßlose Überreaktion eines Narzissten? Ausgerechnet *mich* sollte der Amokläufer treffen. *Ich* war der einzige, der gegen die Schulleitung rebellierte. Um *mich* sollte man sich Sorgen machen und zu *mir* nach Hause kommen, weil *ich* es nicht nötig hatte, mich telefonisch krank zu melden.

In meinen Wahnvorstellungen war ich der geheime Mittelpunkt des Weltgeschehens. The Most Wanted Man. Spezialeinheiten jagten mich wie einen Top-Terroristen. Die Psychose glich einem Buch, von dem ich immer träumte. Der Wahn ersetzte jenes Meisterwerk, das mich berühmt machen sollte. Die Krankheit war der sehnsüchtig erwartete Befreiungsschlag, mit dem ich (zumindest in der Phantasie) den Gordischen Knoten meines Doppellebens löste.

Da ich alleine lebte, konnte mich niemand stoppen. Vielleicht litt ich insgeheim an meiner Isolation. In den letzten Wochen vor dem Ausbruch der Krankheit war ich unglücklich verliebt. Ich sprach eine Frau an, die ich ab und zu im Supermarkt sah, und gab ihr meine Telefonnummer. Drei Wochen lang ließ sie mich warten, ehe sie anrief. Am Telefon klang sie sperrig und kompliziert. Daraus wird wieder nichts, dachte ich mir resigniert. Alle meine Liebesgeschichten waren letztlich Niederlagen. Das ist jedoch ein anderes Kapitel.

Mein Leben ohne mich

Als ich zum ersten Mal in die Psychiatrie eingeliefert wurde, fragte ich den Arzt, der mich ans Bett fesseln ließ: „Wie heißt eigentlich dieser Film, der hier gedreht wird? Vielleicht *Einer flog übers Kuckucksnest*?"

Der Vergleich hinkt. In den Psychiatrien, die ich erlebte, gab es keine sadistischen Gehirnoperationen, Elektroschocks oder bitterböse Krankenschwestern, die ihre Patienten wie dumme, missratene Kinder züchtigen.

Natürlich war ich geschockt, als ich an Händen und Beinen *fixiert* wurde. Es war demütigend, ins Bett pinkeln zu müssen, weil die Nachtwache sich weigerte, meine Fesseln zu lösen, damit ich aufs Klo gehen konnte. Aber im Großen und Ganzen wurde ich überall gut behandelt. Ich war auch ein pflegeleichter Patient und hielt mich weitgehend an die Regeln.

Im Alltag einer Psychiatrie dreht sich alles darum, Tabletten zu schlucken und Termine einzuhalten. Die Psychose war das reinste Chaos, das in der Klinik mit Stundenplänen bekämpft wurde. Feste Strukturen sollten den Patienten dabei helfen, sich innerlich zu festigen.

Aber was taugt schon eine Form ohne Inhalt? Vier Monate lang zeigte ich jene Selbstdisziplin, die im Krankenhaus erwartet wurde. Um 7 Uhr stand ich auf, bis 8 Uhr hatte ich geduscht und gefrühstückt, dann saß ich in der sogenannten Morgenrunde, anschließend wartete ich auf die Arztvisite oder ich malte Bilder in der Gestaltungstherapie, machte Gymnastik in der Bewegungstherapie oder ich traf einen Psychologen.

Was auch immer geschah: Ich fühlte eine totale Leere. Die Psychiatrie kam mir wie ein Friedhof vor, auf dem man mich lebendig begraben hatte. Wenn ich morgens aufwachte, fluchte ich. Schon wieder ein neuer Tag, der mich völlig kalt ließ. Es gab nichts, auf das ich mich freuen konnte. Alles war vollkommen gleichgültig.

Ich teilte das Zimmer mit einem Patienten, der unter Depressionen litt. Markus war leichenblass. Tagsüber lag er regungslos auf dem Bett und starrte die Decke an. Wir redeten kaum miteinander. In unserem Leben passierte nichts, über das man sich unterhalten konnte. Wie Zombies, denen man die Zähne gezogen hat, würden wir den Rest unserer Tage verbringen. Harmlos und doch unheimlich.

Im Gegensatz zu Markus war ich nicht einmal depressiv. Eine Depression setzt ja voraus, dass man wenigstens negative Gefühle hat. Aber ich empfand überhaupt nichts. Ich war ein emotionaler Krüppel.

Wenn ich an sonnigen Tagen aus dem Fenster sah, beobachtete ich voller Neid die fröhlichen Gesichter der Passanten und wünschte mir, es würde regnen. Das Glück der anderen ließ mich das eigene Unglück umso deutlicher spüren.

Ich war sogar neidisch auf andere Patienten. Manche freuten sich, im Krankenhaus zu sein. Hier waren sie in Sicherheit. Die Medikamente hatten einigen Depressiven das Leben gerettet. Endlich konnten sie einem professionellen Zuhörer ihr Herz ausschütten.

Den Frühling in meinem apathischen Zustand zu verbringen, war eine Tortur. Die meisten Selbstmorde passieren im Frühjahr. Dann wird den Niedergeschlagenen drastisch vor Augen geführt, was ihnen entgeht. Liebespaare, die sich über das Ende des Winters freuen, sind für jeden Lebensmüden eine grässliche Provokation. Wenigstens verschwendete ich keinen Gedanken daran, mich umzubringen. Selbst dazu fehlte mir der nötige Elan.

Zombies in Zeitlupe

Die Ärzte hatten Angst vor einem Rückfall. Das kam mir ziemlich spießig vor. Insgeheim sehnte ich mich nach einer neuen Psychose. Während der Krankheit war jede Sekunde aufregend und intensiv. In der Klinik gab es dagegen keine Überraschungsmomente. Nichts konnte mich berühren. Apathisch taumelte ich durch das Niemandsland der Psychiatrie und dachte: Warum erschießt mich niemand?

Im Speisesaal traf ich auf Patienten aus anderen Abteilungen. Dort gab es wesentlich härtere Fälle als bei uns. Manche bekamen so heftige Medikamente, dass sie zitterten und sich in Zeitlupe bewegten. Lange Speichelfäden hingen vom Mund herab und sie merkten es nicht.

Die Ärzte dachten sich wohl: Nimm den Lebensmüden ihre Energie, dann haben sie keine Kraft mehr, sich umzubringen. Einen von diesen Härtefällen lernte ich näher kennen. Sein Name war Jürgen. Beim Tischtennisspielen zitterte er so sehr, dass er Schwierigkeiten hatte, den Ball zu treffen.

Jürgen hatte versucht sich umzubringen. Zur Begrüßung und zum Abschied reichte er mir seine Hand, die sich so kalt und leblos anfühlte, als wäre er schon tot. Zweifellos brauchte Jürgen mehr Zuwendung, als ich ihm geben konnte.

In meiner Abteilung gab es keine Patienten, die zitterten oder sabberten. Der einzige, der sich in Zeitlupe bewegte, war mein Zimmergenosse Markus. Manchmal beobachtete ich ihn fassungslos. Beim Essen dauerte es eine kleine Ewigkeit, bis er die Gabel endlich Richtung Mund geführt hatte. Was auch immer auf seinem Teller lag, er begutachtete jeden Bissen dermaßen pedantisch, als wäre er ein Ernährungswissenschaftler.

Doctor Scarface

Manchmal warf ich die Tabletten weg. Ich dachte: „Psychopharmaka machen apathisch. Die Pillen sind das Problem und nicht die Lösung." Doch ohne die tägliche Dosis Seroquel konnte ich nachts nicht schlafen. 600 mg Seroquel wirkten wie K.O.-Tropfen. Ich wurde schlagartig müde. Schlafen war das einzige, was mir in dieser Zeit gefiel. Im Traum konnte ich aus der trostlosen Realität fliehen.

Während der Psychose ging es mir viel besser als im Krankenhaus. Das war absurd. Darum hielt ich die Ärzte für inkompetent. Sie hatten mich bloß ruhig gestellt. Wie man aus dieser Apathie herauskommt, das wussten sie genauso wenig wie ich. Der Chefarzt redete wie ein Hochstapler, der sich mehr mit seinen Phrasen als mit der Realität beschäftigt. Bei seinen Visiten wollte er hören, dass ich *aktiv* bin nach dem dämlichen Motto: Gesunde Menschen sind Aktionisten. Sie haben immer etwas vor.

Da ich so gleichgültig war, fiel es mir schwer, die Zeit zwischen den Therapien sinnvoll zu nutzen. Immerhin machte ich Spaziergänge. Manchmal ging ich in ein Fitness-Studio. Auch das langweilte mich.

Jeden Dienstag kam der Oberarzt. Er hatte ein vernarbtes Gesicht. Wenn ich mit anderen Patienten über ihn lästerte, nannte ich ihn Doctor Scarface. Sein kalter Blick musterte mich, als wäre ich ein Insekt. Er schien seine Überlegenheit zu genießen. Der Psychotherapeut wirkte ähnlich arrogant. Je länger ich mit ihm redete, umso mehr hatte ich das Gefühl, dass er sich auf meine Kosten amüsierte. Er lächelte zufrieden, wenn er einen schwachen Punkt in meiner Psyche entdeckte. Aber es dauerte erstaunlich lange, bis ich anfing, ihn zu hassen.

Wer möchte sich schon mit einer Leiche unterhalten?

In diesem apathischen Zustand hatte ich Angst davor, meine Freunde zu verlieren. Ich war inzwischen völlig humorlos. Und es gab nichts, das ich erzählen konnte. Mein sozialer Tod war nur eine Frage der Zeit. Ein lebendiges

Gespräch war mit mir nicht möglich. Wer möchte sich schon mit einer Leiche unterhalten?

Ab und zu rief ich meinen Freund Donny an. Wir trafen uns in einem Café. Zum Glück redete Donny sehr viel. Darum fiel mein Schweigen nicht so auf. Außerdem interessierte er sich für meine Krankheit. Er stellte Fragen. Das kam mir entgegen.

Donny meinte, ich wäre jetzt „ziemlich tröge und fast schon langweilig". Würde ich so bleiben, hätte Donny keinen Grund mehr, mein Freund zu sein, folgerte ich daraus. Menschen nach ihrem Unterhaltungswert zu beurteilen, ist ganz schön asozial. Donny war vergnügungssüchtig und er redete oft wie ein Teenager. Ihm fehlte einfach die nötige Reife, um einen psychisch Kranken durch die Wüste der Apathie zu begleiten.

Meine Eltern und meine Brüder kümmerte es nicht, ob ich humorlos und langweilig war. Ich würde nie aufhören, ein Teil meiner Familie zu sein. Das war gut zu wissen.

Joker, mein bester Freund, verhielt sich so, als würde er zur Familie gehören. Das war keine Schönwetterfreundschaft. Joker störte es nicht, dass ich plötzlich ruhig und zurückhaltend war. Wenn er mich im Krankenhaus besuchte, hatte ich nie das Gefühl, ich müsste jetzt einen Witz machen oder etwas Geistreiches sagen, damit er sich nicht langweilt.

Ein Hobbit als Therapeut

Als ich im Juni aus dem Krankenhaus entlassen wurde, hatte ich ein mulmiges Gefühl. Das neue Schuljahr fing erst in 10 Wochen an. Was sollte ich mit dieser Zeit anfangen? Die Antwort war ganz einfach. Seit ich denken konnte, sah ich meine Mission darin, Bücher zu schreiben. Nun hatte ich endlich ein großes Thema: Den Wahnsinn. So entstand *Paranoia für Anfänger*. Das war meine Therapie.

Nun ging ich wieder zu der Psychiaterin, die mir meine Hausärztin empfohlen hatte. Frau Wolf kam mir dieses Mal viel sympathischer vor. Kein Wunder, denn inzwischen hatte ich keine Manie mehr und konnte andere Menschen objektiver wahrnehmen.

Frau Wolf empfahl mir einen Therapeuten, der auf meine Krankheit spezialisiert war. Er hieß Paul Wieland. Die tiefe Stimme auf seinem Anrufbeantworter gefiel mir. Als ich seine Praxis betrat, wurde ich nicht enttäuscht. Wieland war ein echter Hobbit: Ein gemütlicher, bodenständiger Zeitgenosse, eher heiter als wolkig und angenehm neugierig.

Wir unterhielten uns auf seinem Balkon. Während dem Gespräch rauchte er selbstgedrehte Zigaretten. Ab und zu stand er auf und rieb sich seinen stattlichen Bauch, als hätte er gerade was Delikates gegessen.

Er gab mir einen Fragebogen, der dreißig Seiten umfasste. Die Fragen gingen ans Eingemachte. Unter anderem wollte er wissen:

Haben Sie jemals versucht, sich das Leben zu nehmen?
Ja. Ein Mal. Mit 16 Jahren. Ich hatte Liebeskummer. Weltschmerz. Eine grässliche Melancholie. Meine Angebetete ließ mich am ausgestreckten Arm verhungern. Mit einem Jagdmesser, das ich von meinem besten Freund geliehen hatte, wollte ich die Halsschlagader aufschneiden. Aber ich war nicht brutal genug. Seitdem habe ich es nie wieder versucht.

Hat sich vor dem Beginn der Erkrankung in Ihrem Leben etwas Bemerkenswertes geändert?
Ich war wieder einmal unglücklich verliebt.

Wie war in Ihrer Kindheit die Beziehung zu Ihrem Vater?
Mein Vater sagte immer zu meinen Brüdern: „Auf den werdet ihr mal stolz sein!"

Als Sie ein Kind waren, was bedeutete Ihnen Ihr Vater?
Ich wollte ihn mit guten Schulnoten beeindrucken.

Was störte Sie an Ihrem Vater?
Obwohl ich sehr gut in der Schule war, lobte er mich zu wenig. Vielleicht konnte ich auch nicht genug gelobt werden.

Was hielt Ihren Vater davon ab, sich Ihnen als Kind mehr zu widmen?
Seine Arbeitswut. Der Sonntag war für ihn der schlimmste Tag der Woche.

Welche psychischen Probleme hat er?
Er ist cholerisch und misanthropisch.

Wie ist Ihre Beziehung zu ihm heute?
Ironisch.

Was wissen Sie über den Verlauf Ihrer Geburt?
Ich kam ohne eine Hebamme zur Welt. Es war eine sehr schnelle Geburt.

Wie ist die Beziehung zu Ihrer Mutter?
Ich bin ihr Lieblingssohn.

Wie war in Ihrer Kindheit die Beziehung Ihrer Eltern zueinander?
Sie stritten sich manchmal und versöhnten sich wieder.

Wie war die Beziehung Ihrer Brüder zum Vater?
Mein ältester Bruder war der König, mein mittlerer Bruder der Sündenbock.

Wie war die Beziehung Ihrer Brüder zu Ihnen?
Wir prügelten uns oft.

Wie erfolgreich meistern Ihre Brüder im Vergleich zu Ihnen das Leben?
Sie haben jeweils ein Haus gebaut und zwei Töchter gezeugt. Beide Brüder führen eine stabile Ehe und arbeiten in soliden, gut bezahlten Bürojobs.

Wie drückte Ihr Vater Ihnen gegenüber Gefühle aus?
Er war sehr großzügig. Geld war für ihn ein Mittel, seine Liebe zu beweisen.

Wie drückte Ihre Mutter Ihnen gegenüber Gefühle aus?
Indem sie versuchte, die perfekte Hausfrau zu sein. Sie glaubte fest daran, dass Liebe durch den Magen geht.

In welchem Alter hatten Sie erstmals einen vollständigen Geschlechtsakt?
Mit 25.

Wie sehen Sie dies heute?
Es war nicht die große, erschütternde Erfahrung.

Ist Ihr Sexualleben beeinträchtigt gewesen durch z.B. Schuldgefühle, Angst, eine Störung der sexuellen Funktion oder verminderte Genussfähigkeit?
Ja. Ich litt unter einer ejaculatio praecox.

Welche Probleme hatten Sie in früheren Zweierbeziehungen?
Meine Partnerinnen hatten problematische Vorgeschichten (Vergewaltigung, Abtreibung, Prostitution).

Welche Einstellung haben Sie heute zu Ihrem Körper?
Ich akzeptiere ihn so wie er ist. Da ich kein Model, kein Schauspieler und auch kein Popstar bin, brauche ich keinen Waschbrettbauch. Aus dem Dating-Business habe ich mich auch verabschiedet. Insofern kann ich gelassen in den Spiegel sehen.

Gibt es wesentliche körperliche Erkrankungen?
Während einer todunglücklichen Beziehung bekam ich eine schwere Pollenallergie.

Beschreiben Sie Ihren zuständigen Vorgesetzten.
Er ist ein fleißiger Bürokrat.

Welche Beziehung haben Sie zueinander?
Freundliches Desinteresse.

Warum haben Sie keine eigenen Kinder?
Ehrgeizige Männer sind in der Regel schlechte Väter.

Zählen Sie einmal auf, was Ihnen in Ihrer jetzigen Lebenssituation Stütze und Stabilität gibt.
Lesen und Schreiben, die Familie und mein Freund Joker.

Sind Sie aktiv religiös?
Ich gehe manchmal in die Kirche. Leider bin ich jedes Mal enttäuscht. Wenn ich sehr deprimiert bin, bete ich zuhause und singe ein paar Kirchenlieder. Danach geht es mir besser.

Ein Zwergenaufstand

„Wie stehen Sie heute zu dem, was während Ihrer Psychose passiert ist?", wollte mein neuer Therapeut wissen. Peinlich war vor allem jene Hass-Mail, die ich am 22. Dezember 2006 an meinen Schulleiter schickte.

Indem ich diesen Text genau analysierte, stieß ich auf einige Denkfehler, die während der Psychose meine Wahrnehmung verzerrten. Meine kranken, destruktiven Gefühle beruhten auf weltfremden Ideen. Darum konnte ich den Stress, den ein angekündigter Amoklauf auslöste, nicht konstruktiv bewältigen. Stattdessen flüchtete ich mich in Wahnvorstellungen.

Warum schrieb ich diese Hass-Mail? Ich wollte mich an meinem Chef rächen. Nüchtern betrachtet konnte ich ihm nichts vorwerfen. Er hatte sich korrekt verhalten. Seine Fürsorgepflicht ließ ihm keine andere Wahl, als die Polizei einzuschalten.

Dass ich in der Psychiatrie gezwungen wurde, ins Bett zu pinkeln, das war nicht die Schuld meines Schulleiters. Trotzdem machte ich ihn dafür verantwortlich. Und warum weigerte sich die Nachtwache, meine Fesseln zu lösen, damit ich aufs Klo gehen konnte? Weil *ich* furchtbar aggressiv wirkte. *Meine* Psychose war der Grund, warum ich verhaftet, an ein Bett fixiert und mit schweren Beruhigungsmitteln vollgepumpt wurde.

Mit dieser Hass-Mail degradierte ich meinen Chef zu einem Sündenbock. In Wahrheit war ich das Problem. Aber es dauerte einige Monate, bis ich bereit war, die Krankheit zu akzeptieren. Die Psychose stellte mein bisheriges Leben radikal in Frage. Mein Selbstbewusstsein wurde zutiefst erschüttert. Nichts würde mehr so sein, wie es einmal war.

Die heftige Kritik, die ich an meinem Schulleiter übte, war absurd. Ich hasste den Bürokraten in ihm. Selbstverständlich macht ein Beamter nur dann Karriere, wenn er die Tugenden besitzt, die in einer Verwaltung gefragt sind. Ein vorbildlicher Beamter ist zwangsläufig ein Paragrafenreiter.

Es war ja *meine* Entscheidung, an einer staatlichen Schule zu unterrichten. Ich hätte mich auch an einer Waldorfschule bewerben können. Dort würde ich allerdings bedeutend weniger Geld verdienen und man könnte mich jederzeit entlassen.

Die Flucht in die Harmlosigkeit

„Alleine zu leben, ist gefährlich … Sie brauchen mehr Freunde – und eine Frau!", sagte der bauernschlaue Hobbit von der Schwäbischen Alb, der mich therapieren sollte. „Ihnen fehlt ein *soziales Korrektiv*!" Damit meinte er nahestehende Menschen, die mich korrigieren, falls ich wieder einen Wahn entwickeln sollte.

Diese Ratschläge überzeugten mich überhaupt nicht. Eine Ehe ist keine Garantie für psychische Gesundheit. Enge, soziale Beziehungen bieten sowohl große Chancen als auch große Gefahren. Liebe kann mehr Stress erzeugen als der härteste Beruf. Unter der Last überzogener Ansprüche, die inzwischen an eine Ehe gestellt werden, brechen viele Paare zusammen.

In der Psychiatrie lernte ich einen glücklich verheirateten Mann kennen, der immer tapfer lächelte, während er Depressionen hatte. Er strangulierte sich mit einem Stromkabel, obwohl seine Frau und seine Kinder so nett waren. Eigentlich sollte er glücklich sein. Trotzdem wollte er sterben.

Wenn man sich umbringen will, redet man nicht mit der Familie oder den Freunden darüber. Ein angekündigter Suizid findet in der Regel nicht statt. Viele Menschen führen ein gutbürgerliches Leben in stiller Verzweiflung. Selbstmörder wirken oft genauso unauffällig und angepasst wie Amokläufer.

Ein anderer Vorzeigegatte hielt seine Frau für eine Schauspielerin, die vor versteckten Kameras eine Ehe simuliert. Seine wohlgeordnete Existenz entpuppte sich plötzlich als Reality TV. Dieser sanftmütige Mann war kein Einzelgänger, sondern ein fürsorglicher Familienmensch und dennoch drehte er durch.

Ich wollte nie eine Familie gründen. Anstatt Kinder in die Welt zu setzen, schreibe ich Bücher. Meine Manuskripte sind meine Kinder. Ich liebe Frauen – aber nicht über alles und nicht um jeden Preis. Als Schriftsteller wollte ich das Mysterium der Liebe ergründen, um darüber schreiben zu können. An meinem Schreibtisch bin ich zu Hause und nicht in einem Ehebett. Bücher sind besser als Sex.

Der Therapeut wollte mir Patentrezepte verordnen, weil er zu faul war, sich ernsthaft in meine Lage hineinzuversetzen. Dieser Hobbit-Psychologe empfahl mir die Flucht in die Harmlosigkeit. Um sich perfekt in eine Gesellschaft zu integrieren, muss man vollkommen banal sein. So tief wollte ich allerdings nicht sinken.

Normal sein müssen – das würde mich krank machen

In den Augen meiner Eltern stehe ich heute fast mit leeren Händen da. Ich habe keine Frau, keine Kinder, kein Haus und kein Auto. Und was sie völlig fassungslos macht: Ich arbeite nur so viel wie zum Überleben nötig ist. Anstatt 25 Stunden unterrichte ich 13. Dadurch verzichte ich jeden Monat auf etwa *tausend Euro*!

Zugegeben: Ich bin seltsam. Wie könnte es auch anders sein? Schriftsteller sind die geborenen Außenseiter. Schreiben macht einsam. Jene Sensibilität, die man als Autor braucht, erzeugt eine hohe Verletzbarkeit. Das Alleinsein dient auch als Schutz vor den Zumutungen des Zusammenlebens.

Es wäre falsch, eine Familie zu gründen, wenn man glaubt, dass Bücher interessanter als Kinder sind. Ich bin kein Menschenhasser. Aber wer ernsthaft schreiben will, benötigt unendlich viel Zeit dafür. Welche Frau würde das verstehen?

Meine Eltern verhalten sich manchmal wie Vertreter, die mir etwas aufschwätzen wollen, was ich gar nicht brauche. Eine Frau, ein Kind, ein Haus, ein Auto, ein Full-Time-Job. Das alles hält mich bloß vom Schreiben ab.

Der Hobbit-Psychologe dachte wie meine Eltern. Seine Ratschläge waren gefährlich, denn sie entsprachen nicht meiner Persönlichkeit. Im Grunde meinte er, ich sei zu autonom. Ein fremdbestimmtes Leben hielt er für die passende Therapie.

Nach wenigen Sitzungen gingen mir diese einfältigen Kommentare auf die Nerven. Je mehr ich den Hobbit kennen lernte, umso stupider und selbstzufriedener wirkte er. Bereits seine Körpersprache war abstoßend. Er lungerte im Sessel herum wie ein ungezogenes Kind und schnitt Grimassen wie ein drittklassiger Clown. Immer wieder streichelte er seinen Bauch, als wäre dies sein großes Lebenswerk. Gefräßigkeit ist der Leistungssport der Infantilen.

Der Hobbit stellte mir am liebsten intime und peinliche Fragen. Damit befriedigte er offenbar seine voyeuristischen Neigungen. Wenn er meine Intimsphäre ausleuchtete, lächelte er amüsiert und ich dachte: So sehen wohl Fetischisten aus, die sich an schmutziger Unterwäsche aufgeilen.

Nicht jeder, der einen sozialen Beruf ausübt, hat edle Motive. Manchen Lehrern gefällt es, Schüler durch schlechte Noten zu demütigen. Die Beziehung zwischen dem Therapeuten und seinem Patienten ist ebenfalls asymmetrisch. Die Schwäche des Patienten nutzen einige Therapeuten unbewusst, um ihre Stärke auszukosten.

Besonders professionell war dieser Hobbit nicht. Schließlich bettelte er plump und völlig phantasielos um meine Sympathie. Ständig forderte er, dass zwischen uns *gefühlsmäßig* etwas passieren müsste. Doch jeder Psychologie-Student im ersten Semester weiß: Gefühle kann man nicht einklagen. *Love me:* Dieser Appell will etwas erreichen, das spontan und nicht auf Kommando geschehen muss. Spontanität erzwingen heißt: Sie zerstören.

Dass mir der Hobbit *gefühlsmäßig* fremd blieb, war selbstverständlich meine Schuld. Zumindest wollte er mir das einreden. Weil ich abweisend auf ihn reagierte, unterstellte er mir, ich hätte *Probleme im Umgang mit Gefühlen.*

Der Hobbit sprach ein breites Schwäbisch und war furchtbar stolz darauf. Dieser treudoof klingende Dialekt sollte mir wahrscheinlich zeigen, wie authentisch der Provinzdepp im Gegensatz zum Großstadtintellektuellen ist. Nur entfremdete Menschen wie ich redeten das reinste Hochdeutsch.

Wenn zwei Einsamkeiten sich überschneiden

Im Sommer 2006 fiel mir eine Passantin auf, die ich immer wieder sah, weil sie in meiner Nähe wohnte. Wir begegneten uns oft im Supermarkt. Die Augen dieser fremden Frau sagten mir, dass ich ihr nicht völlig gleichgültig war. Dennoch dauerte es eine kleine Ewigkeit, bis ich es wagte, sie anzusprechen.

Im November wusste ich endlich, wie sie hieß: Marieke. Die Ironie des Schicksals wollte es, dass sie in der Psychiatrie der Tübinger Universitätsklinik arbeitete. Wie viele Irre hatte sie schon ans Bett gefesselt? Vielleicht hätte es mir gefallen, von ihr fixiert zu werden.

Marieke war elegant und melancholisch. Liebe besteht darin, „dass zwei Einsamkeiten einander schützen, grenzen und grüßen". Dieses Rilke-Zitat ging mir durch den Kopf, wenn ich Marieke sah. Und das in einem Supermarkt! Rilke beim Shopping!

Sie hatte gerade eine Diplomarbeit über Placebo-Effekte geschrieben. Ich versuchte krampfhaft, mit ihr über Psychologie zu reden. Sie klärte mich darüber auf, dass alle psychologischen Bücher, die ich kannte, überholt waren. Bye-bye, Eric Berne, bye-bye Viktor E. Frankl, bye-bye Gregory Bateson.

Ich gab Marieke meine Telefonnummer. Damit begann mein Martyrium. Sie rief einfach nicht an. Es verging eine Woche. Das Telefon blieb grausam still. Vielleicht war sie unsicher: Ist das der Richtige? Oder sie wollte mir zeigen, wie unabhängig und souverän sie war. Je länger sie mich zappeln ließ, umso höher musste ihr Status sein. Womöglich hatte sie viel zu tun. Wer Stress hat, ist wichtig. Solche Spielchen gehörten bei emanzipierten Frauen einfach dazu.

Nach der zweiten Woche wurde ich langsam nervös. In kalten Nächten stand ich mit einer Flasche Rum auf dem Balkon, starrte in den Sternenhimmel und hörte traurigschöne Bob-Dylan-Songs:

"Well, my sense of humanity has gone down the drain. Behind every beautiful thing there's been some kind of pain."

Ich war ein Idiot. Indem ich Marieke meine Nummer gab, übernahm ich eine passive Rolle. Nun war ich zum Warten verurteilt. Hätte ich mir ihre Nummer geben lassen, könnte ich bestimmen, wie sich diese Geschichte weiter entwickelt.

Als ich aufgehört hatte, damit zu rechnen, passierte es doch. Wow, nach über drei Wochen ließ sich diese Grazie dazu herab, mich anzurufen! Vielleicht war sie aus Erfahrung pessimistisch. Sie entschuldigte sich. Leider hätte sie keine Zeit, um mich zu treffen. Ich hasste diese dämliche Wichtigtuerei. Was soll ich mit einer Frau anfangen, die sich zur Sklavin eines Terminplans degradieren lässt? Sie gab mir ihre Telefonnummer, aber ich hatte keine Lust mehr sie anzurufen.

Dieses Gespräch fand Ende November statt. Mir blieben nur noch wenige Tage bis zum 6. Dezember. Ich sollte Marieke nie wiedersehen. Das Notizbuch, in dem ihre Telefonnummer stand, habe ich in Bangkok verloren.

Der Wahn als Lizenz zum Glücklichsein

Am Abend vor dem 6. Dezember lag ich in der Badewanne und hörte mir andächtig Klaus Kinskis „Jesus Christus Erlöser" an. 1971 stellte sich Kinski alleine auf eine Bühne und trug einen selbstgeschriebenen Steckbrief vor: „Gesucht wird: Jesus Christus …" Kinski stellte den Messias als obdachlosen Anarchisten dar, der unter Außenseitern (Huren, Junkies, Kriminellen) lebt.

Am Anfang der Siebziger Jahre sah Kinski wie ein Hippie aus und er hielt Jesus für seinesgleichen. Dadurch provozierte er das Publikum. Ein sexbesessener Choleriker, der sich als Prediger aufspielt – das ging einigen Zuschauern zu weit. Mit Zwischenrufen störten sie Kinskis Monolog. Es dauerte nicht lange, bis er die Nerven verlor.

Klaus Kinski beschimpfte die Störenfriede als „Gesindel" und „dumme Säue", denen man „mit der Peitsche aufs Maul hauen" sollte. Das Faszinierende an diesem Eklat war die Verzweiflung, die in Kinskis Stimme lag. Zuerst führte er sich wie ein Berserker auf. Er schrie bis zur totalen Erschöpfung. Der Widerstand des Publikums zermürbte ihn. Am Ende wirkte er völlig niedergeschlagen. So verletzlich hatte man ihn noch nie erlebt.

Auf Koh Phangan und in Chumphon brüllte ich wie Klaus Kinski. Seit ich denken konnte, liebte ich Exzentriker wie ihn. Durch die Psychose legte ich alle Hemmungen ab. Ich ließ meiner Wut freien Lauf. Das fühlte sich sehr gut an. Der Wahnsinn kam mir zuweilen vor wie eine Lizenz zum Glücklichsein.

Jeder Verrückte bricht aus dem Korsett des bürgerlichen Lebens aus. Darum war Klaus Kinski so faszinierend. Er machte alles, wovor die anderen zurückschreckten.

Wie *Fitzcarraldo* hatte ich eine Vision. Anstatt im Dschungel eine Oper zu bauen, träumte ich davon, in Chumphon eine deutsche Kolonie zu gründen, die *New Germania* heißen sollte. Über dieses Projekt redete ich wie ein Guru und es war erstaunlich, wie viele gesunde Menschen meinen Monologen lauschten.

Als ich aufhörte, über das alltägliche Elend zu lachen

In den letzten Tagen vor dem Ausbruch der Psychose las ich noch Peter Sloterdijks „Kritik der zynischen Vernunft“. Ein Buch, das mich hellauf begeisterte. Tausend Seiten Philosophie, die ich atemlos verschlang. Kurz darauf legte ich meinen Zynismus ab wie ein Kleidungsstück, aus dem ich schlagartig herausgewachsen war.

Was heißt das überhaupt: Zynismus? „Dumm sein und Arbeit haben, das ist das Glück“, sagt Gottfried Benn. Intelligenz macht also unglücklich. Warum? Weil der Schlaue das Elend dieser Welt erkennt. Dummheit beruht auf Ignoranz. Gelobt sei das Nichtwissen, das uns in Ruhe schlafen lässt.

Das *unglückliche Bewusstsein* ist ein Produkt der Aufklärung, die Illusionen zerstört und für Ernüchterung sorgt.

Ein Zyniker weiß zu viel. Sein Humor wirft einen Funken Wahrheit in ein falsches Leben, das er gnadenlos durchschaut und verachtet, ohne es ändern zu können.

Vor dem 6. Dezember ging es mir ähnlich. Als Lehrer stand ich auf verlorenem Posten. Der Kampf gegen die Dummheit war nicht zu gewinnen. Meine Schüler konnte ich nur ertragen, indem ich Witze auf ihre Kosten machte. Dieser Galgenhumor hatte die gleiche Aufgabe wie die Musikkapelle auf der sinkenden Titanic. Wenn man schon Schiffbruch erleidet, dann sollte man wenigstens seinen Spaß dabei haben.

Am 6. Dezember blieb mir das zynische Gelächter im Hals stecken.

Sex, Gewalt und schlechte Laune

Bereits vor dem 6. Dezember gefiel es mir, aus der Rolle des staatstragenden Studienrats zu fallen. So schockierte ich meine Schüler mit einem grenzwertigen Film. *A hole in my heart* von Lukas Moodysson handelt von zwei abstoßenden Männern, die einen Amateurporno drehen – und zwar mit einer Frau, die seit ihrem zwölften Lebensjahr davon träumt, in einem Pornofilm mitzuspielen und sich deshalb die Vagina verkleinern ließ.

Ich zeigte den Film einer Klasse von 30 jungen Männern, Fachkräfte für Lagerwirtschaft, die im Deutschunterricht beim Kreativen Schreiben bloß billige Pornographie aufs Papier brachten. Ich wollte ihnen beweisen, wie dumm Pornos sind. *A hole in my heart* entlarvt nämlich Voyeure als seelische Krüppel.

Kurz vor dem 6. Dezember sah ich einige Schüler aus dieser Klasse in der Stadt. Wir begegneten uns zufällig. Die Schüler kamen gerade aus einem Waffengeschäft. Nein, das war keine Halluzination. Waffen fanden sie natürlich cool. Waffen waren männlich. Mit einer Knarre in der Hand hätten diese Halbstarken endlich jene Macht, die ihnen im normalen Leben fehlte.

A hole in my heart ist nicht nur ein Film über die emotionale Verwahrlosung von Sexisten. Lukas Moodysson zeigt seinen Zuschauern auch, dass Pornos männliche Allmachtphantasien spiegeln. Moodyssons Hobbypornographen werden am Ende aggressiv. Weil der Sex sie allmählich langweilt, holen sie die Waffen aus dem Schrank. Auf der Flucht vor der Langeweile dämmert ihnen, dass nicht der Sex, sondern der Tod den ultimativen Kick gibt.

Alle Figuren in diesem Film wirken kaputt und ekelhaft. Keiner kann sich selbst leiden. Intimität erzeugt keine Liebe, sondern Hass. Sex führt zu Gewalt.

An der Schule herrschte eine ähnliche Atmosphäre. In manchen Klassenzimmern gab es eine negative Energie, die kaum zu ertragen war. Was sollte man diesen Leuten noch beibringen? Sie wollten nichts lernen. Ihnen fehlte die natürliche Neugier. Mit ihren versteinerten Visagen hockten sie da, als hätten sie ihr Leben bereits hinter sich.

Auf einmal war ich ein Anarchist, ein Freak, ein Clochard

Im Nachhinein kommt mir die Psychose wie ein Schauspiel vor. Ich schlüpfte nicht nur in die Rolle des tobsüchtigen Klaus Kinski, ich trug auch ähnliche Klamotten wie der heroinabhängige Pete Doherty und ich zitierte ständig die Terroristin Ulrike Meinhof: „Es macht keinen Sinn, den falschen Leuten das Richtige zu erklären."

Terrorismus ist der Rock'n'Roll der Politik. Terroristen haben immer Sympathisanten, weil sie das gefährliche Leben wählen. Sie gehören zu den letzten Abenteurern. Nie war Fernsehen spannender als am 11. September.

Wie ein Terrorist tauchte ich ab in den Untergrund meiner Psyche. Ich nahm eine neue Identität an und beendete diese öde, bürgerliche Scheinexistenz.

In der Hass-Mail, die ich an meinen Schulleiter schrieb, erzählte ich die Geschichte jenes legendären Deutschlehrers, der mich auf die Idee brachte, diesen Beruf zu ergreifen. Mein Deutschlehrer schrieb Gedichte und bewunderte Paul Celan. Im Unterricht dachte er laut über die Ermordung von Ulrike Meinhof nach. Danach wurde er strafversetzt.

Nachdem mein Schulleiter mich von der Polizei verhaften und in die Psychiatrie bringen ließ, glaubte ich ebenfalls ein Opfer staatlicher Willkür zu sein. Man wollte mich wegsperren und mundtot machen. Die Psychiatrie war mein Stammheim.

Ich rebellierte gegen DAS SYSTEM, dem ich als Beamter diente. Die Hass-Mail an den Vorgesetzten, das war mein Attentat. Damit habe ich ihn schwer gekränkt. Das ist der Grund, warum ich die Schule wechseln musste.

Dass ich tagelang zuhause blieb, ohne mich krank zu melden, das erzeugte eine Panik, als hätte ich einen Sprengsatz gezündet. Nachdem ich aus den Weihnachtsferien nicht zurückkehrte, provozierte ich schließlich ein Disziplinarverfahren. Mein Gehalt wurde eingefroren. Das Regierungspräsidium dokumentierte meine Verfehlungen feinsäuberlich in der Personalakte.

Die Psychose war die reinste Anarchie. Auf Koh Phangan lief ich herum wie ein Freak. In Bangkok führte ich das Leben eines Clochards. Mein Leben lang war ich ein Außenseiter. Doch jetzt sollte es jeder sehen: Ich bin anders und das gefällt mir.

Wohltemperierte Gemüter ödeten mich an

Obsessive Menschen habe ich schon immer bewundert. Glamouröse Spinner wie Howard Hughes faszinierten mich. Er drehte die teuersten Filme, baute die schnellsten Flugzeuge und brach sämtliche Rekorde. Nebenbei schlief er mit den schönsten und berühmtesten Frauen.

Mit gesundem Menschenverstand war Howard Hughes schwer zu begreifen. Insgeheim litt er unter starken

Phobien. Er hatte eine wahnsinnige Angst vor Bakterien und ansteckenden Krankheiten. Darum verbrauchte er Unmengen von Kleenex-Tüchern, mit denen er sich zwanghaft die Hände abwischte. Hughes Problem war eine Fehlfunktion des Gehirns, die sich *Obsessive-Compulsive Disorder* nennt. Damals war die Medizin noch nicht so weit, um überhaupt diese Diagnose zu stellen. Kein Arzt konnte Howard Hughes helfen.

Bald zog er sich aus der Öffentlichkeit zurück. Er ließ seine Nägel und die Haare endlos wachsen, saß den ganzen Tag nackt in seinem Privatkino, pinkelte in leere Milchflaschen und verwahrloste. Am Schluss sah dieser schwerreiche Mann wie ein Penner aus. Grenzgänger mit seelischen Abgründen gefielen mir, denn ich hasste alles, was mittelmäßig war. Wohltemperierte Gemüter ödeten mich an.

Das Schreiben war meine Obsession. So wie Howard Hughes an Flugzeugen herumtüftelte, konstruierte ich meine Sätze. Natürlich wollte ich Bücher schreiben, die alle bisherigen Bücher in den Schatten stellten.

Wie ich ein kleines Alkoholproblem entwickelte

Im Frühjahr 2006 hatte ich bereits eine schwere Krise. Ich fühlte mich schlecht, ohne zu wissen warum. Um die trübe Stimmung aufzuheitern, fing ich an zu trinken. Am frühen Nachmittag öffnete ich die erste Flasche Rotwein. Das wurde bald zur Gewohnheit.

In Berlin hatte ich eine ähnliche Krise. Das war im Frühjahr 2002. Damals reagierte ich etwas intelligenter: Ich begann eine Fastenkur. Das half. Die Farben, die Töne, die Gerüche, alles wirkte nun intensiver. Ich betrachtete das Fasten als eine spirituelle Übung. Danach fühlte ich mich wie neugeboren. Vier Jahre später wählte ich einen Ausweg, der keiner war. Mit Alkohol eine Krise meistern zu wollen, war erstaunlich naiv.

In dieser Zeit kam ein Film über Truman Capote in die Kinos. Es gab kaum eine Szene, in der Capote nicht trank. Im Abspann erfuhr man, dass er sich systematisch ins Grab gesoffen hatte. Ich identifizierte mich hemmungslos mit diesem Alkoholiker, denn ich fühlte mich genauso wie er: Arrogant und einsam, scharfzüngig und verletzlich. Ein Mann, der Abgründe liebt.

Damals hatte ich den peinlichsten Rausch meines Lebens. Ich war mit Donny unterwegs. Bevor wir loszogen, hatte ich bereits eine Flasche Rotwein intus. Am Ende dieser Nacht war ich so hoffnungslos besoffen, dass ich sprichwörtlich aus einer Bar flog. Zwei Türsteher warfen mich hinaus wie eine Bowling-Kugel. Draußen lag Schnee. Das Trottoir war eisglatt. Ich schlitterte mit dem Gesicht nach unten über das Eis. So sehen wohl besoffene Pinguine aus.

Aber ich hatte noch lange nicht genug. Wir zogen weiter. Bis zum bitteren Ende. In einer anderen Bar musste ich eine Treppe hochsteigen und schaffte es nicht mehr. Also krabbelte ich auf allen Vieren. Keine Ahnung, wie ich nach Hause kam. Capote führte sich im Studio 54 ähnlich auf. Oft musste man ihn zum Taxi tragen.

Anstatt weiter zu saufen, fing ich eine Fastenkur an. Während ich hungerte, las ich religiöse Bücher: Von Augustinus bis Joseph Ratzinger. Auf einmal hatte ich wieder Energie und freute mich auf jeden neuen Tag. Vielleicht hätte ich doch Pfarrer werden sollen.

Perlen vor die Säue zu werfen, ist auf die Dauer nicht gesund

„Medizinische Fachleute wissen zu berichten, dass Menschen buchstäblich geisteskrank werden können, um in der Traumwelt des Wahnsinns das Gefühl von Bedeutung zu finden, das man ihnen in der Wirklichkeit verweigert", schreibt Dale Carnegie.

Vielleicht ist das der Schlüssel zum Verständnis meiner Krankheit. Die Psychose erfüllte meine tiefsten Wünsche. In dem manischen Redeschwall gab ich mich hemmungslos der Magie der Sprache hin, die mein Lebenselixier ist. Durch die Halluzinationen fühlte ich mich wie ein Schamane. Schließlich sind die Schamanen die Vorläufer der Dichter und Schriftsteller.

Dale Carnegie wird von Intellektuellen gerne belächelt. Trotzdem scheint er über Geisteskranke mehr zu wissen als viele Psychiater: „Im Leben sind alle ihre Traumschiffe am Felsen der Realität zerschellt; aber auf der sonnigen Zauberinsel des Wahnsinns laufen sie mit geblähten Segeln und bei günstigem Wind in den Hafen ein".

Die Todesangst am 6. Dezember war so schlimm, weil ich einen sinnlosen Tod gestorben wäre. Man hätte mich einem System geopfert, an das ich nicht glaubte. An der Berufsschule warf ich Perlen vor die Säue. Ich verkaufte mich weit unter meinem Wert. Das konnte nicht ewig so weiter gehen. Was ich brauchte, war ein Befreiungsschlag:

„Endlich verrückt,
endlich erlöst …
Endlich ein Narr,
endlich ein inneres Licht.“
(Wim Wenders / Peter Handke, Der Himmel über Berlin)

Ein Sabotage-Akt in einer Chemiefabrik

Ein mündiger Patient sollte seine Krankheit verstehen. Darum quälte ich mich durch die psychiatrische Fachliteratur. Inzwischen dreht sich fast alles um die Hirnforschung.

Die Nervenzellen in unserem Gehirn empfangen Signale von anderen Nervenzellen. Um diese Signale zu senden, benötigt das Gehirn Nervenbotenstoffe: Die sogenannten Neurotransmitter. Zum Beispiel Serotonin, Noradrenalin und Dopamin. Bei einer Depression gibt es zu wenig Noradrenalin im Gehirn und bei einer Manie gibt es zu viel davon.

In den Augen der Hirnforscher funktionieren Menschen wie Chemiefabriken. Während einer Psychose stimmt die Chemie in unserem Hirn nicht mehr. Psychopharmaka gleichen entweder einen Mangel oder einen Überschuss an Neurotransmittern aus.

Die Psychose gleicht einem Sabotage-Akt in einer Chemiefabrik. Der Psychiater ist ein Chemiker, der verhindert, dass die Fabrik in die Luft fliegt. *Warum* es zu der Sabotage kam, das soll der Psychotherapeut herausfinden.

Der Verrückte wirft Sand ins Getriebe seiner Seele. Er möchte nicht mehr funktionieren. Der Wahnsinn erinnert uns daran, dass Menschen keine Maschinen sind.

In einem Essay über das Kranksein vergleicht die manisch-depressive Virginia Woolf den Kranken mit einem Deserteur, der nicht weiter in der Armee der Berufstätigen marschieren will. Er flüchtet sich in eine Parallelwelt, weil er die Realität der Gesunden nicht länger erträgt.

Um die Logik des Wahnsinns zu begreifen, muss man selbst ein Grenzgänger sein. Wer psychische Abgründe bloß vom Hörensagen kennt, kann bestenfalls Pillen verschreiben und Patentrezepte verordnen. Die Ärzte und Therapeuten, die mich behandelten, waren viel zu bieder, um in das Zentrum eines seelischen Orkans vorzudringen.

Ein Kriminologe muss sich genauso in den Kriminellen einfühlen wie der Psychologe in den psychisch Kranken. Wem die Faszination des Verbrechens oder des Irrsinns fremd ist, der kann weder ein Kommissar noch ein Therapeut sein.

Die Paranoia machte mich zum Helden eines Thrillers

Wie entsteht eine Paranoia? Durch eine Überdosis Dopamin, lautet die übliche Antwort. Ich interessiere mich weniger für Fakten als für Interpretationen. Darum fiel es mir leicht, Verschwörungstheorien zu entwickeln.

Warum sind Verschwörungstheorien so beliebt? Weil viele Menschen glauben: Wir werden alle verarscht – von gierigen Managern und bösen Politikern. Die Kleinen fängt man, die Großen lässt man laufen. Wer hat, dem wird gegeben. Das weiß jeder BILD-Leser.

In der Unterhaltungsindustrie sind Paranoiker und Hysteriker die Experten für Spannung. In Hinterzimmern spinnen finstere Mächte ihre Intrigen, die einem Schachspiel gleichen, bei dem lebendige Menschen als Bauernopfer vom Brett herunter purzeln.

Warum mussten Uwe Barschel, Lady Di oder John F. Kennedy sterben? Das wird man nie erfahren. Weil die Waffenindustrie, die Mafia, die CIA oder der KGB zu mächtig sind, nicht wahr?

Die Paranoia ist ein unrealistischer Versuch, das Dickicht der Realität zu durchschauen. Meine Paranoia war ein Thriller, der bloß in *einem* Kino lief, nämlich in meinem Kopf. Was könnte aufregender sein, als von Geheimdiensten gejagt zu werden? Der Verfolgungswahn machte mich zu einem Helden, der gegen das Böse kämpft, um die Welt zu retten. Mein Gott, ich war noch nie so wichtig.

Trostlose Fitness

Der amerikanische Psychiater Howard C. Cutler traf sich seit den Achtziger Jahren regelmäßig mit dem Dalai Lama. So entstand das lesenswerte Buch „The Art of Happiness". Darin findet man jene Lebensweisheit, die dem Mainstream der Psychiatrie eindeutig fehlt.

Howard C. Cutler stellte fest: In der Sprache der Psychotechnokraten gibt es kein „Glück". Ärzte verhindern das Unglück – Depressionen, Selbstmord, Arbeitsunfähigkeit. Für das Glück ihrer Patienten fühlen sich die Seelenklempner nicht zuständig.

Psychiater wollen, dass ihre Patienten wieder funktionieren. Es spielt keine Rolle, ob sie dabei glücklich sind. Man reparierte mich wie eine Maschine, die einem Sabotageakt zum Opfer fiel.

Es gibt ein Lied von Radiohead. Darin hört man einen Roboter, der auf positives Denken programmiert wurde, was sich besonders trostlos anhört: „Fitter, happier, more productive, comfortable, not drinking too much, regular exercise at the gym (3 days a week) …"

So reden Psychiater – wie Androiden. Die Ärzte im Krankenhaus hatten diese wohlklingenden, aber sterilen Computerstimmen, die den Bahnkunden am Telefon über den Fahrplan informieren.

Technokraten, die seelisches Elend verwalten

Ich hätte gerne einen Psychiater wie Ronald D. Laing. Mag sein, dass seine Theorien wissenschaftlich unhaltbar waren. Doch Laing hat sich wenigstens für Menschen und nicht nur für Gehirne interessiert. Außerdem besaß er eine intellektuelle Neugier, die mir sehr sympathisch ist.

Laing lernte Französisch, damit er *Das Sein und das Nichts* von Sartre im Original lesen konnte. Er traf Timothy Leary, um mit LSD zu experimentieren, und zum Meditieren fuhr er nach Sri Lanka. Natürlich kann man das als Modetorheiten belächeln. Dabei übersieht man allerdings das Entscheidende: Ronald D. Laing war ein Grenzgänger und somit bestens geeignet, in psychische Abgründe zu blicken.

Psychosen sind Erfahrungen, die der Kranke durchleben muss. Das war Laings Theorie. Der Arzt muss an der Krise des Kranken teilnehmen, anstatt den Patienten aus sicherer Distanz zu beobachten.

In den Sechziger und Siebziger Jahren interessierte sich die Forschung noch ernsthaft für das soziale Umfeld der Patienten. Heute beschäftigen sich die Psychiater mehr mit Chemie als mit Soziologie.

Laing hatte ein gesundes Misstrauen gegenüber der Psychiatrie. Dieser selbstkritische Impuls fehlt jenen Technokraten, die heute das seelische Elend verwalten. Meine Zeit in der Klinik empfand ich als hoffnungslos stumpfsinnig. Was mir vor allem fehlte, das waren Inspirationen. Am Ende musste ich mich selbst aus dem Sumpf der Apathie ziehen.

„Sie sind einfach zu gesund!"

Nachdem mir der Hobbit-Psychologe nicht weiterhelfen konnte, wechselte ich zu einem anderen Therapeuten. Dr. Höfer war ein kluger, kultivierter Herr mit einer angenehmen Ausstrahlung und einer dezenten Neugier. Damit brachte er mich zum Reden. Ich vertraute ihm sofort.

Bevor eine Therapie beginnt, finden einige *probatorische Sitzungen* statt, in denen der Psychologe herausfinden muss, wie er dem Patienten helfen könnte. Am Ende dieser Sitzungen war Dr. Höfer etwas ratlos.

„Wissen Sie, was das Problem ist? Sie sind einfach zu gesund! Vielleicht ein wenig narzisstisch, aber Sie haben gelernt, mit Ihren Macken zu leben …", sagte er mit einem sanften Lächeln.

Schade. Ich wäre so gerne sein Patient gewesen.

Peinliche Befragung

Zweieinhalb Monate nach meiner Entlassung aus dem Krankenhaus unterrichtete ich wieder. Die Stelle, die ich bisher an meiner Schule innehatte, war in der Zwischenzeit durch einen anderen Lehrer besetzt worden. Das Regierungspräsidium schickte mich auf ein Wirtschaftsgymnasium. Das war auch besser so. Was ich brauchte, war ein Neuanfang.

Auf meiner alten Schule hätte mich ein Spießrutenlauf erwartet. Die Kollegen würden mich ausfragen. Ich hatte keine Lust, jedem meine Leidensgeschichte zu erzählen. Eine Psychose ist immer noch ein Stigma. Krebs hat ein besseres Image. „Ich war in der Psychiatrie“: Das klingt genauso verheerend wie „Ich war im Gefängnis“.

Das Vorstellungsgespräch im Büro meines neuen Schulleiters wurde zu einer peinlichen Befragung. Der Direktor wollte sehr genau wissen, unter welcher Krankheit ich litt. Meine ausweichenden Antworten akzeptierte er nicht. Während ich ihm schließlich erklärte, was eine schizoaffektive Psychose ist, sah er mich mit einer freundlichen Gleichgültigkeit an, als würde ich über einen harmlosen Schnupfen reden. Meine Leidensgeschichte schien ihn nicht wirklich zu interessieren.

Die Zärtlichkeit der Jäger

Vielleicht erkrankte ich schon früher an einer Manie, ohne es zu wissen. Damals, im Sommer 2002, lebte ich in Berlin. Ich war arbeitslos und es ging mir so gut wie noch nie. Endlich konnte ich den ganzen Tag machen, was ich wollte: Nämlich schreiben. Ich arbeitete an einem Roman mit dem Arbeitstitel „Fleisch“.

Das Manuskript der ersten Fassung hatte ich bereits an Esther Rosenzweig geschickt. Sie war *die* Literaturagentin mit den besten Kontakten. 1995 stand in der *Vogue* ein Artikel über sie, der mich faszinierte. In einer Charlottenburger Altbauwohnung empfing Esther Rosenzweig alles, was Rang und Namen hatte: von Paul Auster und Hans Magnus Enzensberger bis hin zu dem Nobelpreisträger V.S. Naipaul.

Während dem Germanistik-Studium in Heidelberg lernte ich Leon Moss kennen, der bei der Agentur *Rosenzweig & Partner* unter Vertrag stand. Moss schrieb wie ich für die Studenten-Zeitschrift *Madeleine*, die aufgrund ihrer Arroganz und Eitelkeit berüchtigt war. Er hielt sich für einen Dandy, verkehrte in der jeunesse dorée und war mit dem Millionärssöhnchen und Literaturstar Christoph Kranzler befreundet.

Kranzler vermittelte Moss an Esther Rosenzweig. Ich wiederum berief mich auf Moss, als ich mein Manuskript an die Agentur schickte. Als Antwort bekam ich eben keinen Standardbrief mit einer Absage, sondern einen Anruf. Esther Rosenzweig war persönlich am Apparat. Wochen später saß ich in ihrem Büro. Inzwischen gab es ein Gutachten von einem promovierten Literaturwissenschaftler: Einen wohl formulierten Verriss. Trotzdem meinte Frau Rosenzweig, ich sollte das Manuskript überarbeiten, aber nicht nach Feierabend, sondern rund um die Uhr. Kein Brotberuf sollte mich von meiner Berufung mehr ablenken.

Bevor ich nach Berlin ging, lebte ich ein Jahr lang in München als Werbetexter. Aus dem Schuldienst hatte ich mich nach dem Referendariat verabschiedet. Meine Noten waren katastrophal. Nach dieser Demütigung drängte es mich in einen Beruf, wo meine Fähigkeiten gefragt waren. Also wurde ich Texter, denn schreiben konnte ich zweifellos.

Leider war auch dieser Beruf nicht ganz so spannend, wie ich mir das vorgestellt hatte. Die Werbung, die ich machen durfte, war bieder, unauffällig, phantasielos. Unsere Kunden und unsere Chefs hassten jede Form von Kreativität. Darum kündigte ich nach einem Jahr, noch bevor ich einen neuen Job hatte.

Ich zog nach Berlin. Dort vermutete ich die *jungen, wilden Kreativen.* Voller Euphorie verschickte ich meine Bewerbungsmappen. Tatsächlich bekam ich drei Vorstellungstermine. Doch nirgends gab es einen Job für mich.

Nachdem ich Esther Rosenzweig getroffen hatte, war das ohnehin egal. So eine Chance bekommt man bloß einmal. Jetzt war es an der Zeit, sich auf das Wesentliche zu konzentrieren. Mit einem Roman konnte man ja unendlich mehr ausdrücken als mit einer schnöden Werbeanzeige. Ich wollte aus meinem Manuskript ein wahres Meisterwerk machen.

Mit dem Arbeitslosengeld konnte ich mich halbwegs bequem über Wasser halten. Mein Sachbearbeiter ließ mich in Ruhe. Damals hieß das Arbeitsamt noch nicht Bundesagentur für Arbeit und es gab keine Agenda 2010 und kein Hartz IV.

Ich lebte in einer günstigen Altbauwohnung in Friedrichshain, die mir Kathrin beschafft hatte. Kathrin war eine ehemalige Kollegin und nun meine Nachbarin. Max, ihr langjähriger Freund, hatte früher Häuser besetzt und Molotowcocktails auf Polizisten geworfen. Inzwischen baute er Industrielampen zu Designerlampen um und verkaufte sie in einem Laden, der nur geöffnet hatte, wenn Max ausnahmsweise gut gelaunt war.

Seine Laune hing im Wesentlichen von seinem Drogen- und Alkoholkonsum ab. Tagsüber kiffte er und abends trank er ein paar Bier dazu. Max kam aus Hamburg und war ziemlich wortkarg. Er musste schon einiges intus haben, um einigermaßen gesprächig zu sein.

Im Grunde war er Kommunist. Natürlich würde er das niemals zugeben. Oft hatte ich den Eindruck, dass er aus Prinzip widersprach. Vielleicht hatte er einfach was gegen mich.

Kathrin und Max waren lange Zeit die einzigen Kontakte, die ich in Berlin hatte. Ansonsten lebte ich weitgehend isoliert. Die Einsamkeit gefiel mir. So konnte ich mich ganz auf die Arbeit an dem Roman konzentrieren.

Ich recherchierte viel. In der Wohnung stapelten sich die Bücher. Seit dem 11. September wollte ich herausfinden, was die westliche Zivilisation im Innersten zusammenhält. Mein Roman sollte auf diese Frage die passende Antwort liefern.

Die Zärtlichkeit der Jäger war der Titel für die zweite Fassung des Manuskripts. Die westliche Zivilisation muss man sich als eine Jagdgesellschaft vorstellen, dachte ich. Das Showbusiness stellt das Zentrum der postmodernen Lifestyle-Ökonomie dar. Die Geschichte ist keine Geschichte von Klassen-, sondern von Schaukämpfen. Darum sind wir alle Glamour Victims. Der Schein bestimmt das Bewusstsein. Denn am Anfang war das Licht, das blendet, anstatt aufzuklären. Terroristen sind dagegen auf der Suche nach der absoluten Wahrheit. Ihre Attentate sollen uns zwingen, die hässliche Realität wahrzunehmen …

Ich lebte wie ein Privatgelehrter. Außer Kathrin und Max hatte ich keine Gesprächspartner, mit denen ich über meine Ideen reden konnte. Leider interessierten sich die beiden nicht besonders für Theorien.

Im Frühjahr 2002 hatte ich, wie gesagt, eine schwere Krise. Ich hörte auf zu schreiben. Zweifel quälten mich. Die geballte Energie, mit der ich monatelang an dem Manuskript gefeilt hatte, war nun schlagartig weg. Bereits am Nachmittag warf ich mich ins Bett und zog die Decke über den Kopf.

In meiner Verzweiflung begann ich eine Fastenkur. Danach fühlte ich mich geläutert. So isoliert zu leben, war gefährlich. Zufällig lief mir Norman Plessner über den Weg. Er gab die Zeitschrift *Madeleine* heraus und gründete den *Balbec*-Verlag. Inzwischen wohnte er auch in Berlin.

Im Gegensatz zu mir war Plessner der geborene *Contactor,* ein Meister des Small Talks und der aufgesetzten Höflichkeit. Unter den Schwätzern der Literaturszene fühlte er sich wohl. Hier fiel es nicht auf, dass er von Literatur keine Ahnung hatte.

Als *social animal* konnte er nie alleine auf eine Veranstaltung gehen. Solo zu erscheinen, das hätte seinen gesellschaftlichen Status geschmälert. Darum rief er mich regelmäßig an. Er benutzte mich wie einen kostenlosen Begleitservice.

Für die Lesungen seines Verlags brauchte er ein möglichst großes Publikum. Da durfte ich ebenfalls nicht fehlen. Die Lesungen waren so langweilig wie immer. Aber wenigstens lernte ich halbwegs interessante Leute kennen.

Zum Beispiel: Tom Miller. Er hatte bei den Germanisten in Heidelberg promoviert und strebte eine Professur an. Daraus wurde nichts. Seitdem versuchte er sich als Schriftsteller. Plessner publizierte einige Bücher von ihm. Um Plessner einen Gefallen zu tun, schrieb ich eine Lobeshymne über Miller. Inzwischen lebte auch er in Berlin. Plessner organisierte für ihn eine Lesung, die grauenhaft war.

Während Miller aus seinen Manuskripten vorlas, fiel mir auf, dass seine Freundin mich beobachtete, weil ich den Kopf schüttelte. Es schien sie zu amüsieren, dass ich Miller für unfähig hielt. Sarah war Mitte Zwanzig und studierte Kulturwissenschaften an der Humboldt-Universität. Nach der Lesung verwickelte sie mich in ein Gespräch. Sie wollte wissen, was ich arbeitete. Ich zögerte die Antwort lange hinaus. Schließlich gab ich zu, einen Roman zu schreiben. Als ich von dem Manuskript erzählte, redete ich bewusst in Rätseln, um mich interessant zu machen. Das schien ihr sehr zu imponieren.

Einige Wochen später bekam ich von Miller eine E-Mail. Er wollte sich mit mir treffen. Sarah wäre auch dabei. Wir verabredeten uns in einem koscheren Restaurant in der Oranienburger Straße. Vor diesem Treffen spürte ich eine maßlose Euphorie. Miller rollte mir einen roten Teppich aus. Er setzte seine aparte Freundin als Lockvogel ein und würde jede Demütigung in Kauf nehmen, denn durch mich konnte er Esther Rosenzweig kennen lernen.

An diesem Abend lief ich zur Hochform auf. Sarah saß neben mir und lächelte wie frisch verliebt, während ich jede Gelegenheit nutzte, um mich auf Millers Kosten zu amüsieren. Es war einfach, ihn bloßzustellen. Miller hatte grauenhafte Manieren. Ständig glotzte er in meinen Teller, als würde ich ihm etwas wegessen.

Außerdem war er voller Angst. Beim Essen zeigte ich mit dem Messer auf ihn. Miller zuckte nervös zusammen. Ich sagte: „*So* muss ein Messer aussehen!“ Offenbar fürchtete er sich vor spitzen Gegenständen. Sarah dachte, ich hätte mich dermaßen gründlich über Miller informiert, dass ich auch seine Phobien kannte. In Wirklichkeit war das ein Zufall.

Millers Freundin redete fast nichts. Sie erzählte mir nur, dass sie gerade einen Aufsatz über Walter Benjamin schrieb, und fragte mich, ob ich den Aufsatz lesen könnte. Das machte Miller wütend. Er schrie: „Wenn du mit ihm ficken willst, dann sag's ihm doch!“

Nun hatte ich genug von dieser Farce. Ich zahlte und ging. Da ich noch Durst hatte, zog ich weiter. Erst im Morgengrauen kam ich nach Hause. An der U-Bahn-Station Warschauer Straße stieg ich aus. An einem Kiosk trank ich einen Kaffee.

Plötzlich fiel mir ein Mädchen auf, das am Boden lag. Ich sprach sie an. Sie hieß Anika und war vielleicht vierzehn Jahre alt.

„Warum hockst du auf dem versifften Boden?“, fragte ich sie. „Weil ich müde bin.“ – „Dann geh' doch nach

Hause." – „Kann ich nicht." – „Warum?" – „Weil ich auf jemanden warte." – „Aber er kommt nicht?" – „Nein." – „Scheißtyp, he?" – „Der Scheißtyp ist mein Vater." – „Und wie lange wartest du schon auf ihn?" – „Die ganze Nacht." – „Willst du einen Kaffee?" – „Nein, mir ist schlecht." – „Du hast zu viel getrunken?" – „Nein, ich hab ein paar Glasscherben geschluckt." Auf einmal musste sie tatsächlich kotzen. „Komm mit", sagte ich, „du kannst auf meinem Sofa schlafen."

Der Mann, auf den Anika gewartet hatte, war nicht ihr Vater. Sie erzählte mir einige Lügen, bis sie zugab, dass sie aus einem Wohnheim abgehauen war. Sie wollte nicht zurück. Darum blieb sie vorerst bei mir.

Ich telefonierte mit dem zuständigen Jugendamt. Dort erfuhr ich: Anika wurde als Kind missbraucht. Sie traf sich immer noch mit dem Täter. Wahrscheinlich war er der Mann, auf den sie an der U-Bahn-Station gewartet hatte.

Eine Woche lang kümmerte ich mich um Anika, als wäre sie meine verlorene Tochter. Ihre Geschichte wurde zu einer Obsession, die mich Tag und Nacht beschäftigte. Ich dachte: What a weird world.

Leider war dieses Mädchen eine notorische Lügnerin und schwer neurotisch. Sie brauchte dringend einen Therapeuten. Ich war kein Sozialarbeiter, kein Psychologe und kein Trauma-Experte. Darum konnte ich ihr nicht helfen.

Schließlich brachte ich sie zu ihrem Wohnheim. Dort herrschten schlimme Zustände. Die Betreuerinnen waren überfordert und mit den Nerven am Ende. Die Freundin, mit der Anika ein Zimmer teilte, schlitzte ihre Arme auf und schnüffelte Haarsprays, bis sie ohnmächtig wurde.

Trotzdem blieb mir nichts anderes übrig, als dieses arme Geschöpf ihrem Elend zu überlassen.

In dieser Zeit veränderte ich mich dramatisch. Wenn ich meine Nachbarn Kathrin und Max traf, ließ ich sie kaum zu Wort kommen. Meine Gedankensprünge irritierten sie. Langsam, aber sicher fanden sie mich suspekt.

Am ersten Jahrestag des 11. Septembers war ich fest davon überzeugt, dass die Amerikaner ohne Vorwarnung Bagdad mit Atomwaffen bombardieren. Das war die neue Obsession. Ich verlor mich in ausschweifenden Monologen über dieses Thema, mit dem ich Max beim Kiffen und Biertrinken störte.

Im Foyer der Schaubühne lief mir ein Theaterproduzent aus Australien über den Weg. Zoltan versuchte die Stücke eines australischen Schriftstellers an deutsche Bühnen zu vermitteln. Auch ihm wollte ich helfen. Darum arrangierte ich ein Treffen mit meinem Nachbarn Hasko, der damals für die Volksbühne arbeitete. Die Energie, die ich dabei entwickelte, war genauso manisch wie bei der Geschichte mit Anika.

Ich war nun dermaßen open-minded, dass ich ständig neue Leute kennen lernte. Als ein Obdachloser vor einem Imbiss um ein Essen bettelte, kam ich mit ihm ins Gespräch. „Warum gehst du nicht zum Sozialamt?", fragte ich ihn. „Die helfen mir nicht", meinte er. „Das stimmt nicht", entgegnete ich, „wenn du dir helfen lässt, dann helfen sie dir." – „Nein, das glaube ich nicht." – „Soll ich es dir beweisen?"

Das war wieder so eine Mission. Also ging ich mit dem Obdachlosen zum Sozialamt. Natürlich mussten wir lange warten. Die Beamten waren genervt. Das geballte menschliche Elend, das sie verwalten mussten, machte sie zynisch.

Die erste Schwierigkeit bestand darin, die Personalien des Obdachlosen zu ermitteln. Er hatte keinen Pass mehr. Nach einigen Stunden bekam er einen Platz in einem Wohnheim. Wir fuhren gemeinsam dorthin.

Als ich meinen Schützling am nächsten Tag besuchen wollte, war er verschwunden. Anscheinend wollte er lieber unter freiem Himmel leben. Die meisten Obdachlosen sind übrigens psychisch krank.

Sarah hatte sich inzwischen von Miller getrennt. Um ihm aus dem Weg zu gehen, besuchte sie eine Freundin in Wien. Nach ihrer Rückkehr wollte sie mich sehen. Wir verabredeten uns in einem Programmkino. Der Film fiel aus. So saßen wir den ganzen Abend im Foyer und tranken Bier. Ich redete auf Sarah ein, als wollte ich sie hypnotisieren.

Der erste Kuss, die erste Nacht – das alles passierte etwas zu schnell. Die Leichtigkeit, mit der ich Sarah eroberte, hätte mir suspekt sein müssen. Kaum waren wir ein Paar, zog sie bei mir ein. Im Märchen überstürzen sich zuweilen die Ereignisse.

Eine Woche lang hatten wir eine symbiotische Beziehung. Dass die Idylle nicht ewig dauern würde, dämmerte mir, als Sarah beiläufig sagte: „Du redest zu viel." Durch meinen manischen Redeschwall hatte ich sie im Sturm erobert, doch im Alltag wurde das zu einem Problem. Sie fand es furchtbar anstrengend, meinen Gedankensprüngen zu folgen.

Hinzu kam ein weiteres Problem. Sarah hatte eine heikle Vergangenheit. Die Geschichten, die sie erzählte, waren nichts für frisch verliebte Ohren. Miller hatte sie geschwängert und dann so schwer misshandelt, dass sie das Kind verlor. Danach war Sarah immer noch ein Jahr mit ihm zusammen. Wie konnte sie eine solche Entgleisung verzeihen?

Diese Geschichte machte mich rasend. Darum schrieb ich Miller eine extrem bösartige E-Mail, die er an Sarah weiterleitete und mit einem Kommentar versah: „Was soll das?" Nach der Episode mit Anika fühlte ich mich dazu berufen, missbrauchte Frauen zu beschützen. Als ich nun Miller attackierte, war Sarah zutiefst verletzt. Indem ich ihren Peiniger angriff, stellte ich auch die Opferrolle in Frage, die sie demütig übernahm.

Nachdem Sarah bei mir eingezogen war, gaben wir eine Party. Ich lud Zoltan ein. Während wir uns unterhielten, zog ich ein Buch von Miller aus dem Regal. Unter dem Klappentext war ein Photo, das den Autor mit einer Skinhead-Frisur zeigte. Zoltan meinte: „Der sieht aus wie ein Nazi." Darauf erwiderte ich: „Er *ist* ein Nazi." Mit einem höhnischen Gelächter warf Zoltan das Buch aus dem offenen Fenster in den Innenhof.

Später ging ich hinaus und fand das Buch in einem Gebüsch. Ich knöpfte meine Hose auf und pinkelte darauf. Das war fatal. Als Sarah das erfuhr, war sie tödlich beleidigt. Ihre Freundinnen scharten sich um sie wie eine Phalanx von Klageweibern und fingen an zu heulen. Jetzt war ich der Bösewicht.

Sarahs Verhalten erinnerte mich an die *Marquise von O.* Am Ende dieser Novelle schrieb Kleist, als würde er unsere Geschichte kennen: „Er würde ihr damals nicht wie ein Teufel erschienen sein, wenn er ihr nicht, bei seiner ersten Erscheinung, wie ein Engel vorgekommen wäre."

Am nächsten Morgen verschwand Sarah aus meiner Wohnung. Von diesem Tag an hörte ich auf zu essen und ernährte mich von Cola und Zigaretten. Ich hatte auch keine Lust mehr, mich zu waschen. Die Wohnung wurde zu einer Müllhalde.

Als Sarah zurückkehrte, holte sie ihre Möbel ab. Danach wollte sie mich ein letztes Mal sehen. Wir trafen uns in einem Café. Ich redete wieder zu viel. Und sie schwieg. Wie so oft. Sarah hatte Tränen in den Augen. Plötzlich musste sie gehen. Sie hatte Termine, die wichtiger waren als ich.

Nach diesem Desaster fasste ich einen irrsinnigen Entschluss. Ich löste die Wohnung auf und kaufte mir ein Flugticket nach Rom, obwohl ich pleite war. Die Bank hatte bereits mein Konto gesperrt. Das konnte nicht gut gehen.

In Rom quartierte ich mich bei einer Kellnerin ein, die mir in Berlin über den Weg gelaufen war. Sie hieß Simona. Ich behauptete, meine EC-Karte wäre defekt. Eine Woche lang ließ ich mich von Simona aushalten. Dann sorgte ihr Bruder dafür, dass ich die Wohnung verließ.

Ich rief meinen Vater an und ließ mir über Western Union etwas Geld schicken, damit ich wieder nach Berlin fliegen konnte. Dort ging ich zu Elodie, einer Französin, die auch kein Geld, doch wenigstens eine Wohnung hatte. Sie lebte ohne Strom und warmes Wasser. Stattdessen stellte sie Kerzen auf. Elodie hatte keinen Job, keine Krankenversicherung und keine Ahnung von der deutschen Sprache. Wir lebten einige Wochen notdürftig zusammen, bis ich merkte, dass sie mich loswerden wollte.

Wo sollte ich nun hin? Der Winter war bitterkalt. Was hielt mich noch in dieser tristen Stadt? Mein Vater holte mich ab. Wir fuhren zu meinem Elternhaus.

In der Nähe von Heidelberg fand ich eine Aushilfsstelle als Lehrer. Ein halbes Jahr lang verrichtete ich lustlos diesen Job. Ich fühlte eine große Leere. In jeder freien Minute lag ich auf dem Bett und döste vor mich hin. Mir war alles egal. Ich dachte sogar an Selbstmord.

Um mich aus dieser quälenden Lethargie zu reißen, fing ich an, Sport zu machen. Das war meine Rettung. Wie besessen trainierte ich in einem Fitness-Studio. Das brachte mich auf bessere Gedanken.

Schließlich bekam ich eine Stelle an einer Stuttgarter Berufsschule. Ich wurde Beamter. In Stuttgart hatte ich mein Referendariat gemacht. Aus dieser Zeit kannte ich einige Leute. Ich war viel unterwegs und genoss das Leben, während die Psychobombe in meinem Inneren unbemerkt vor sich hin tickte. Es dauerte über drei Jahre, bis sie explodierte.

Die Eitelkeit des Opfers

Das Problem mit Sarah war: Sie hielt eigentlich nichts von Männern, weil sie glaubte, Typen wie Miller wären repräsentativ. Bevor sie ihm in die Arme stolperte, hatte Sarah eine lesbische Phase. Sie dachte, Frauen wären harmloser. Immerhin haben sie viel weniger Testosteron und damit weniger Aggressionen, mit denen sie Schaden anrichten können. Trotzdem wurde Sarah auch mit einer Frau nicht glücklich. Wäre sie sonst auf einen Manipulator wie Miller hereingefallen?

Nachdem sie ihn verlassen hatte, schrieb er ein Buch über sie. Darin schilderte er ihre frostige Liebe, die auf gegenseitiger Abhängigkeit beruhte. Sarah war darauf programmiert, die Rolle des Opfers zu übernehmen. Dieses Martyrium schien ihr zu gefallen.

„Sie hasste jeden, der ihr den Genuss an ihrem Unglück trüben wollte", lästerte Miller über sie. „Sie wollte nicht glücklich sein. Selbst wenn sie die Chance dazu gehabt hätte. Sie wollte unglücklich sein. Sie konnte das genießen. Dumm. Sie war dumm. Das auch. Sie war eitel. Das auch. Ihr Egoismus ekelte mich an."

In Sarahs Vergangenheit war etwas geschehen, das sie schwer beschädigt hatte. Sie redete nicht offen darüber. Zumindest nicht mir gegenüber. Aufgrund meines manischen Redeschwalls war ich ohnehin ein schlechter Zuhörer. Ich spürte nur: Da war etwas, das sie belastete.

Als Sarah sich Hals über Kopf in mich verliebte, dachte sie wohl, dass ich die Lösung aller Probleme wäre.

Ihre beste Freundin sagte mir: „Es ist so viel Scheiße passiert. Sie braucht Zeit, um das zu vergessen." Leider war ich zu egoistisch, um Schäden zu reparieren, die andere angerichtet hatten. Ich wollte nicht einmal die ganze Wahrheit hören. Die Andeutungen, die Sarah machte, waren schlimm genug.

„Ich hatte keine Schuld an ihrer Vergangenheit. Warum musste ich dafür büßen?", heißt es in Millers Buch, „der Täter ist in ihr, damit kann ich nicht leben. Dass der Täter immer noch in ihr ist". Damit sprach er mir aus dem Herzen. Im Grunde waren wir Leidensgenossen – mit dem feinen Unterschied, dass ich niemals einer schwangeren Frau in den Bauch treten würde.

Als Sarah in meine Wohnung zog, hängte sie Bilder auf, die wie Chiffren ihrer traumatischen Erfahrungen wirkten. Diese Chiffren warteten darauf, entschlüsselt zu werden. Ich hätte Fragen stellen sollen. Doch ich konnte keinen Therapeuten ersetzen. Woher sollte ich wissen, wie man mit Missbrauchsopfern umgeht?

Das Tantalus-Syndrom

Frauen waren immer ein Problem. Am Anfang war Ruth. Im siebten Schuljahr kam sie in meine Klasse. Sie passte zu mir wie die Faust aufs Auge. Schließlich hörte sie Heavy Metal und redete wie eine KFZ-Mechanikerin.

Seit der siebten Klasse las ich ziemlich viel und wurde zu einem Einzelgänger. Ich kämpfte mich durch schwierige Bücher und lebte in meiner eigenen Welt. Für ein burschikoses Mädchen wie Ruth war ich viel zu feinfühlig.

Was reizte mich bloß an ihr? Dass sie so begehrt war? Sie hatte immer einige Jungs im Schlepptau. Vielleicht spielte sie mit ihnen Flaschendrehen. Während sich alle um sie scharten, blieb ich zunächst auf Distanz. Mein Desinteresse erregte ihre Aufmerksamkeit.

Damals schrieb ich Gedichte. Insgeheim hatte Ruth eine kleine Schwäche für altkluge Romantik. So kamen wir uns näher. Es dauerte nicht lange und wir führten lange, mysteriöse Gespräche. Um den tristen Alltag lyrisch zu überhöhen, neigte ich dazu, mich etwas schleierhaft auszudrücken. Obwohl Ruth furchtbar bodenständig war, gefielen ihr meine Dichter-Allüren.

Wir sahen uns jeden Tag in der Schule. Trotzdem schrieben wir uns ständig Briefe. Ich liebte dieses Mädchen aus einer Distanz, die ich nicht überwinden sollte. Für Ruth war ich ein Rätsel, das sie nie lösen würde: Ein undurchschaubarer Poet.

Manchmal durfte ich sie küssen, wenn wir im Wald spazieren gingen. Diese sinnlichen Momente waren erschreckend dürftig. Ruth liebte bloß meinen Geist, nicht meinen Körper. Doch mir ging es ähnlich. Ich hatte keine Lust, mit ihr ins Bett zu gehen. Was ich wollte, war eine Seelenverwandte, die Ruth niemals sein würde.

Ich litt entsetzlich. Es gab eine tiefe Kluft zwischen uns beiden, die wir nicht überbrücken konnten. Diese Erfahrung trieb mich in die Arme des Existentialismus. Die Liebe war eine Illusion. Aus dem Kerker unserer Einsamkeit gab es kein Entrinnen.

Ruth ließ mich am ausgestreckten Arm verhungern. Das nannte ich später das „Tantalus-Syndrom". Alles, was er begehrt, sieht Tantalus vor seinen Augen, doch er kann es nicht erreichen. Diese Qual ist die Strafe für seinen Hochmut.

Aus dem Liebeskummer wurde Weltschmerz. In Tagträumen stellte ich mir meine eigene Beerdigung vor. Ich hörte depressive Musik und genoss meinen Überdruss wie eine vergiftete Praline.

Der Flirt mit dem Tod ging so weit, dass ich mir ein Jagdmesser besorgte. Damit wollte ich mir die Halsschlagader aufschneiden. Einem Freund gab ich ein Paket, in dem ein Abschiedsbrief und alle Gedichte waren, die ich jemals geschrieben hatte. Mein Deutschlehrer sollte den Nachlass verwalten.

Ich war nicht brutal genug, um die Halsschlagader zu öffnen. Mit einer sanfteren Methode wäre ich vielleicht erfolgreicher gewesen. Zum Glück gab es damals noch keine Internetforen für Selbstmordkandidaten, die sich gegenseitig über den besten Tabletten-Cocktail informieren.

Das Entscheidende an der Pubertät ist: Dass man sie überlebt. Ruth war im Grunde ein banales Mädchen. Weder besonders schön noch auffallend geistreich oder elegant. Es gab keinen Grund, für sie zu sterben. Da ich in der tiefsten Provinz lebte, hatte ich keine große Wahl.

Alle meine Hoffnungen ruhten auf den Studentinnen, die ich in Heidelberg kennenlernen sollte. Aber es dauerte einige Jahre, bis ich eine Frau traf, die meinem elitären Geschmack entsprach.

Juliette schien eine Zeitreisende aus der Belle Epoque zu sein. In den Salons des Faubourg Saint-Germain hätte sie gewiss Aufsehen erregt. An ihrer Seite fühlte man sich wie Monsieur Swann.

Für außergewöhnliche Schönheit zahlt man bekanntlich einen hohen Preis. Juliette zog alle Blicke auf sich. Sie war die Königin jeder Party. Dieser Supermodel-Status ist eine Macht, die missbraucht werden will. Juliette verhielt sich so korrupt, wie man es von einem Politiker erwartet.

Wir hätten Freunde bleiben sollen, denn Juliette hatte Neurosen wie Ally McBeal nach dem Motto: I want what I don't want. And I don't want what I want. Sie war eine Großstadtgazelle mit zweifelhaftem Charakter.

Die Liaison mit Juliette war kurz und heftig. Noch immer hatte ich keine feste Freundin. Mit 25 Jahren wollte ich endlich wissen, wie das ist: Eine sogenannte *Beziehung* führen. Ich hasste dieses Wort und bald wusste ich auch warum.

Auf einer Kellerparty stolperte mir Iris in die Arme. Sie war so burschikos wie Ruth. Dass sie Heavy Metal hörte, das hätte mich warnen müssen. Iris legte großen Wert darauf, *tough* zu wirken. Sie hatte bereits eine Abtreibung und eine Vergewaltigung hinter sich. Außerdem lernte sie ihren Vater niemals kennen. Darum trug sie wohl diesen Charakterpanzer.

Fast ein Jahr lang waren wir ein Paar. Obwohl wir nicht zusammen passten, setzten wir alles daran, zusammen zu bleiben. Iris hatte zu viele (und außerdem die falschen) und ich zu wenige (und ebenfalls die falschen) Erfahrungen gemacht. Sie war zu grob und ich zu zart. Ihre vulgären Sprüche kränkten mich.

Wir trennten und versöhnten uns. Als ich wieder einmal meine Sachen packte, genehmigte ich mir noch einen fatalen Abschiedsfick. Nach einigen Wochen rief mich Iris an, obwohl ich es ihr strikt untersagt hatte. Das war das schlimmste Telefonat meines Lebens. Iris wollte mir bloß mitteilen, dass sie schwanger war.

Der Frauenarzt stellte fest: Es handelte sich um eine Eileiterschwangerschaft. Sie konnte das Kind nicht behalten. Es war zu gefährlich. Wieder musste sie abtreiben. Das Trauma wiederholte sich.

Als sie aus der Klinik kam, kümmerte ich mich um sie. Aus Mitleid blieb ich noch einige Monate bei ihr. Dann musste ich mein Staatsexamen machen und dafür brauchte ich absolute Ruhe. Wir trennten uns relativ friedlich.

Mit Iris eine Familie zu gründen, das hätte bloß in einem Desaster enden können. Wir waren einfach zu verschieden. Vielleicht bin ich auch zu sonderbar, um eine passende Frau zu finden.

Die Oase der Einsamkeit

Seit ich denken kann, war ich ein Einzelgänger. Bereits in der Kindheit entdeckte ich, dass es mir mehr Spaß machte, alleine zu spielen. Das lag vermutlich daran, dass ich Angst hatte verletzt zu werden.

„Je sensibler du bist, desto wahrscheinlicher ist es, dass man grausam zu dir ist“, sagte Marlon Brando. Da ich von Anfang an sehr feinfühlig war, musste ich aufpassen, dass ich nicht unter die Räder kam. Diese *Vulnerabilität* erleichterte den Ausbruch der Psychose.

„Du meine Heimat Einsamkeit“, schrieb Nietzsche und so geht es mir, seit ich denken kann. Wenn ich allein war, kam ich mir nie verlassen vor. Das Unglück der Menschen beruht darauf, „dass sie unfähig sind, in Ruhe allein in ihrem Zimmer bleiben zu können“, wusste schon Pascal. Die Einsamkeit des Lesens und Schreibens kam mir stets wie eine Oase in der Wüste des gesellschaftlichen Stumpfsinns vor.

Es gibt keine Frau, die ich vermissen würde. Die Großstadtgazellen, die mich interessierten, waren leider hochgradig neurotisch. So viel Ärger und so wenig Liebe: Das macht keinen Sinn. In meinem ruhigen, bescheidenen und kontemplativen Leben hat dieses Äffchentheater keinen Platz mehr. Darum fehlt mir nichts, wenn ich alleine aufwache. Selbst ein Haustier würde mich nerven.

Meine Psychiaterin meint, ich bräuchte mehr Freunde. Im Grunde habe ich nur einen, nämlich – Joker. Diese Freundschaft hat Substanz. Es gibt so viele Charaktermasken dort draußen, auf die ich gut verzichten kann. Ich hasse Small Talk. Ich mag keine Telefone. Und ich brauche keinen großen Freundeskreis, um mich wichtig zu fühlen.

Danse macabre

Warum wurde ich überhaupt Lehrer? In meiner Schulzeit gab es einige Pädagogen, die ich bewunderte. Da ich auf dem Land aufwuchs, waren sie die einzigen gebildeten Menschen, die ich kannte. Vor allem himmelte ich meinen Deutschlehrer an. Nachdem er die Schule verlassen hatte, begannen wir einen Briefwechsel, wie das unter wahren Literaten üblich ist. Seine Briefe waren wohlüberlegt, voll kluger Zitate und väterlicher Ratschläge. So warnte er mich mehrfach vor einer „feindseligen Isolierung".

Als ich mein Studium begann, riet er mir: „Was Sie notwendiger als alles brauchen, das ist Kontakt, Leute, mit denen Sie sprechen, sich unterhalten oder auch streiten können. Machen Sie sich auf die Suche, suchen Sie ernsthaft, brechen Sie nicht gleich nach dem dritten Ihnen unsympathischen Satz ab …"

In einem anderen Brief heißt es: „Menschen sind *seltsam riechende Tiere*, wie Brecht sagte, aber sie sind als einzige unseresgleichen. Der geschlossene Raum, die einsame Zelle sind Behälter des Nichts, das *Pathos der Distanz* (Nietzsche) führt sensu strictu, sine grano salis zum Wahnsinn." Er ahnte also früh, wie ich einmal enden würde.

Ich schickte ihm meine Lyrik und Prosa, die er mit höchster Sorgfalt kommentierte. Manchmal hatte ich Glück und wurde gelobt. Das hörte sich dann so an: „Das ist ein Treffer! Eine *danse macabre*. Die Ironie, die leise Eitelkeit, der Sarkasmus – alles hält sich selbst im Zaum. Manches Detail ist schlechthin glänzend. Schwarz glänzend!"

Der kollektive Wahnsinn

Auch wenn ich paranoid bin, wäre es denkbar, dass sie tatsächlich hinter mir her sind, meint Woody Allen. Meine Psychose war eine Überreaktion auf eine reale Bedrohung. Die Amokwarnung am 6. Dezember 2006 spiegelt einen gesellschaftlichen Wahnsinn, an den wir uns offenbar gewöhnen müssen.

Auf das Massaker in Winnenden reagierte ich erstaunlich gelassen, obwohl es wenige Kilometer von meiner Schule entfernt stattfand. Im Kollegium wurden daraufhin hitzige Debatten geführt. Alle spürten: Hier läuft etwas grundsätzlich falsch. Aber niemand war in der Lage, das Problem klar zu definieren.

Das Entscheidende bei einem Amoklauf ist nicht die kranke Psyche des Täters, die gestörte Kommunikation in seiner Familie, das Mobbing an seiner Schule, die Gewaltverherrlichung in den Medien – das alles sind weiche Faktoren, die eine Rolle spielen können. Das einzige, was bei einem Amoklauf nicht fehlen darf, ist die Waffe.

Es gibt keinen vernünftigen Grund, warum Millionen Schusswaffen in deutschen Privathaushalten lagern. Kein namhafter Politiker hat den Mumm, sich ernsthaft gegen diese mächtige und bestens organisierte Waffenlobby aufzulehnen.

Waffenhandel ist ein prächtiges Geschäft. Auf der Flucht vor der Langeweile scheint jedes Mittel recht zu sein. Niemand will auf sein Spielzeug verzichten.

Der nächste Amokläufer wartet schon. Um ihn aufzuhalten, müsste man mindestens eine Revolution durchführen.

Der Irre, der auf dem Tiger ritt

Wir liegen träumend auf dem Rücken eines Tigers, sagt Nietzsche. Das heißt: Wir leben gefährlich und wissen es nicht. Das Zusammenleben beruht auf der Fiktion unserer Harmlosigkeit. Darum lächeln wir im Alltag so tapfer. Ein Lächeln sagt: Ich tu' dir nichts. Doch wehe, wenn wir erwachen.

Am 6. Dezember 2006 bin ich aufgewacht. Ich war der Irre, der auf dem Tiger ritt. Das konnte nur schief gehen. Aber im Gegensatz zu Nietzsche habe ich Glück gehabt, denn ich kam ohne bleibende Schäden davon. Meine Krankheit war eine vorübergehende Episode. Nietzsche hat es wesentlich schlimmer erwischt. Er blieb umnachtet bis ans Ende seiner Tage.

Nie wieder werde ich so naiv und sorglos sein wie vor dem 6. Dezember. Ich habe in einen Abgrund geblickt, den wenige Menschen kennen. Seitdem gehöre ich zu einer seltsamen Spezies. Ich komme mir vor wie ein Veteran aus einem Krieg, den ich gegen mich selbst führte. Es wäre falsch zu behaupten, dass ich diesen Krieg inzwischen gewonnen hätte. Es gibt einen Waffenstillstand. Mehr nicht.

Meine Psychose war eine Flucht aus den Bleikammern der Realität. Was wollte mir die Krankheit sagen? Du musst dein Leben ändern! Das heißt:

1. Schluck deine Pillen!
2. Schluck deinen Ärger nicht herunter!
3. Schlaf dich gesund!
4. Suche nach konstruktiven Lösungen, wenn du ein Problem hast!
5. Sei kein Einsiedler!
6. Schreib und lies, ohne obsessiv zu werden!

Als ich nach der Psychose wieder anfing zu schreiben, war das *a sort of homecoming*. Jeder Schriftsteller, der etwas taugt, unternimmt eine Odyssee, die im Glücksfall damit endet, dass er seinen Stil, sein Genre und sein Thema findet. Nach einigen Irrungen und Wirrungen bin ich dort angekommen, wo ich immer schon hinwollte, und eine innere Stimme sagt mir: Willkommen zu Hause!